电子电气基础课程规划教材

数字电路实验与课程设计

赵权科 王开宇 主 编

韩延义 秦晓梅 副主编

孙 鹏 陈 景 商云晶 参 编

電子工業出版社

Publishing House of Electronics Industry

北京 • BEIJING

内 容 简 介

数字电路实验与课程设计是电子信息科学与电气信息类专业本科生的一门必修实践课程。本书基本涵盖了数字电路实验与课程设计的全部内容，各个实验项目侧重于学习数字电路的基本概念、数字电路设计的基本方法，以及实践的基本技能要求，突出了综合性和设计性的实验比例，同时也适当考虑了工程实践的要求。

本书既可作为高等院校电子信息类、电气信息类及相近专业数字电路课程配套的实验教材，亦可供相关领域的人员参考。

图书在版编目（CIP）数据

数字电路实验与课程设计/赵权科，王开宇主编. —北京：电子工业出版社，2019.1

ISBN 978-7-121-35591-2

Ⅰ. ①数… Ⅱ. ①赵… ②王… Ⅲ. ①数字电路－实验－高等学校－教材②数字电路－课程设计－高等学校－教材 Ⅳ. ①TN79

中国版本图书馆 CIP 数据核字（2018）第 265073 号

策划编辑：竺南直

责任编辑：竺南直

印　　刷：北京虎彩文化传播有限公司

装　　订：北京虎彩文化传播有限公司

出版发行：电子工业出版社

北京市海淀区万寿路 173 信箱　邮编 100036

开　　本：787×1 092　1/16　印张：8.75　字数：224 千字

版　　次：2019 年 1 月第 1 版

印　　次：2024 年 1 月第 8 次印刷

定　　价：26.00 元

凡所购买电子工业出版社图书有缺损问题，请向购买书店调换。若书店售缺，请与本社发行部联系，联系及邮购电话：（010）88254888，88258888。

质量投诉请发邮件至 zlts@phei.com.cn，盗版侵权举报请发邮件至 dbqq@phei.com.cn。

本书咨询联系方式：davidzhu@phei.com.cn。

前　言

数字电路是电子信息科学与电气信息类专业和部分非电类专业本科生在电子技术方面入门性质的技术基础课，包括理论教学和实验教学两个部分。数字电路实验与课程设计是其中实验教学部分，各校安排的课时略有区别，课程名称也不尽相同。

实验教学在整个教学体系中是一个不可或缺的环节。一方面，学生在理论课程中学习了一些理论知识，完全掌握和灵活运用这些知识需要一个过程。实验教学可以提供一个新的途径，通过实际操作促进学生从另外一个角度理解这些理论。另一方面，由于理论知识是经过对客观现实的概括、简化和抽象得到的，会忽略一些次要因素，而实际中任何器件和系统都不是理想的，那些非理想的因素可能会对电路性能造成影响，因此实验课程不仅会促进学生学好基本理论，也可以培养学生的工程能力。此外，通过实验过程了解客观实际，才可以更多地发现问题、解决问题，甚至提出问题。实验能力包括电子仪器的使用、基本测试技术、实验数据的处理、实验报告的归纳和撰写、检索资料和阅读数据手册、数字系统的设计方法和器件选型，数字系统的搭接和调试、EDA 工具软件的使用等多个方面的训练和培养。

在教育部《电子信息科学与电气信息类平台课程教学基本要求》中对数字电子技术实验教学的教学任务提出了要求，包括：

（1）能够正确使用常用电子仪器，如示波器、信号发生器、万用表、交流毫伏表、稳压电源等。

（2）掌握数字电子电路的基本测试技术，如脉冲信号主要参数的测试、数字电路逻辑功能的测试。

（3）能够正确处理实验数据，并写出符合要求的实验报告。

（4）能够查阅电子器件手册和在网上查询电子器件有关资料。

（5）初步学会分析、寻找和排除实验电路中故障的方法。

（6）初步学会一种 EDA 工具软件的使用，对数字电路进行仿真、分析和辅助设计，并能够实现小系统的组装和调试。

近几年来，我们对数字电路实验与课程设计进行了一系列的改革，包括教学内容、考核方式等方面。主要的出发点就是要精心设计教学内容，多方面、多角度地培养学生的实践能力，提高教学质量，争取更好地完成课程的教学目标。

第一，不再提供实验参考电路，完全要求学生自己设计，实验教师只对实验电路的合理性进行有针对性的指导。

第二，由于相对来说实验学时较少，而教学知识点较多，所以对教学内容进行了整合，而且加大了设计性和综合性实验题目的比例，把一些验证性环节取消或者作为实验内容的一个小项目。

第三，对实验内容区分了层次性，对于不同水平的同学可以选择适当的题目，当然课程成绩会有所不同。鼓励有兴趣的学生做实验后的选做题目或者自主设计实验内容。

第四，对实验内容进行了调整，主要增加了与实际工程问题相关的题目，并考虑了与后续课程的衔接。有些实验思考题目虽然已经超出了本课程的范围，但是涉及的概念都是课程中讲过的，需要学生自主学习，查阅相关资料。

第五，增加了电子仪器的使用次数。

第六，使用 EDA 软件可以在没有硬件平台的情况下完成实验电路的分析和辅助设计。尤其是最近两年，电工电子实验中心增加了虚拟仿真实验和虚实结合实验以及 AR、VR 实验的内容，丰富了教学内容。

关于上课的过程。首先，课前应阅读实验报告要求，完成实验目的和实验原理部分，明确每次实验的任务和内容，自主设计电路并绘制电路图，规划实验步骤和实验仪器，准备好需要的实验芯片的引脚图，预留实验数据表格。其次，在每次实验前经实验教师检查合格才能做实验，不合格的同学需要另外选择时间。实验过程中，实验教师会对学生的完成情况做记录，回答学生的提问，指导学生自己排除故障，掌握相关电子仪器的使用方法等，不帮助学生搭接电路。最后，实验课后完成实验数据的处理和图表的绘制，并回答思考问题，整理好该次实验的全部报告。

本书由赵权科、王开宇主编，韩延义、秦晓梅副主编，孙鹏、陈景和商云晶参编，其中陈景和赵权科完成了第 3 章的编写，韩延义和赵权科完成了第 6 章的编写，王开宇完成了第 8 章的编写，其余各章由赵权科编写，秦晓梅、孙鹏和商云晶老师也参与了部分书稿的讨论、撰写工作，赵权科和王开宇完成了统稿工作。感谢王兢教授、戚金清副教授和唐洪副教授仔细审阅了初稿，并提出了宝贵的修改意见。在编写讲义的过程中也参考了大量书籍以及网上资料，在此一并表示感谢。由于编者水平有限，书中难免有疏漏和不足之处，恳请读者批评指正。

目　录

第1章　数字电路实验与课程设计概述

1.1　数字电路实验与课程设计的目的与意义

经常有人问做实验的目的是什么？从过程上来说，做电路方面的实验大致有两种情况。一种情况是先有一个电路，通过测试和分析认识电路原理和功能的过程。另外一种情况是先设计原理电路，再搭接实际电路，最后经过各种测试和分析完善电路的过程。前者是认识实验或者维修电路，后者是设计电路。无论哪个过程，一方面可以获得电子技术方面的基本知识和基本技能，另一方面也可以运用所学理论来分析和解决实际问题，提高实际工作的能力。理论层面上，认识需要一个过程，学习了未必能领会和掌握，需要实践环节加深理解。而且有时候看到一定的实验现象未必能立刻找到相应的理论原因，需要不断摸索。技术层面上，在理论课中为了讲清原理做了很多理想化处理，而从一张电路原理图到一个可以使用的电子产品，需要解决很多实际的问题，这些问题在设计当初未必考虑全面，所以电子工程师往往通过实验的方法先搭接一个实验电路进行调试，分析电路的工作原理，完成电路性能指标的检测，验证和扩展电路的功能及其使用范围，最后完成设计并组装为整机。在学生毕业之后的工作中也是经常出现这样的过程。所以熟练地掌握数字电路实验技术，无论是对从事电子技术工作的工程技术人员，还是对正在进行本课程学习的学生来说，都是极其重要的。

每所高校的教学内容不完全相同，课程的名称也略有区别，比如数字电路实验、数字电路逻辑实验、数字电路与系统实验、电子技术实验（数字部分）、脉冲与数字电路实验以及数字电路课程设计等，教学学时也有一定差异，有时候这几个名字混用。总的来说，数字电路实验可以分为以下三个层次：第一个层次是验证性实验，它主要以电子元器件特性、参数和基本单元电路为主，根据实验目的、实验电路、仪器设备和较详细的实验步骤，来验证数字电路的有关理论，从而进一步巩固所学基本知识和基本理论。第二个层次是设计性实验，学生根据给定的实验题目、内容和要求，自行设计实验电路，选择合适的元器件并组装实验电路，拟定出调整、测试方案，最后使电路达到设计要求。第三个层次是综合性实验，一般与工程实践比较接近，从内容上看，涉及多门课程的内容，甚至是学生没有学过的内容。这个层次的实验，可以培养学生综合运用所学知识和解决实际问题的能力。本书中的数字电路实验一般指的是第一个层次和第二个层次的实验，数字电路课程设计指的是第二个层次中较为复杂的和第三个层次中的实验。

数字电路实验内容极其丰富，涉及的知识面也很广，并且正在不断充实、更新。在整个实验过程中，对于示波器、信号源等常用电子仪器的使用方法；频率、相位、时间、脉冲波形参数和电压、电流的平均值、有效值、峰值以及各种电子电路主要技术指标的测试技术；常用元器件的规格与型号，手册的查阅和参数的测量；小系统的设计、组装与调试技术；以及实验数据的分析、处理能力；EDA 软件的使用等都是需要着重掌握的。

随着技术的进步，现在虚拟实验和仿真实验，AR 以及 VR 实验都出现在了各种电路实验当中。

1.2 数字电路实验的基本要求

“数字电路实验”课程是电子信息科学与电气信息类专业学生在电子技术方面入门性质的基础课程。通过学生设计和调试实验电路，观察实验现象和分析实验结果等环节，使学生获得数字电路方面的基本知识、基本理论和基本技能，为深入学习数字电子技术及其在专业中的应用打好基础。

教学的基本要求包括能够查阅电子元器件手册和在网上查询电子元器件有关资料；初步学会组合逻辑电路和时序逻辑电路的设计方法；能够正确使用常用电子仪器，如示波器、万用表等；掌握数字电子电路的基本测试技术，如脉冲信号主要参数的测试、数字电路逻辑功能的测试；初步学会分析、寻找和排除实验电路中故障的方法；能够正确记录和处理实验数据，并写出符合要求的实验报告，鼓励提出新问题和创新思路。

和其他许多实验环节一样，数字电路实验也有它的基本操作规程。电子技术工作者经常要对电子设备进行安装、调试和测量，因此要求注意培养正确、良好的操作习惯，并逐步积累经验，不断提高实验水平。

实验操作应该注意以下几个方面。首先，实验仪器的合理布局。实验时，各仪器仪表和实验对象（如实验板或实验装置等）之间，应按信号流向，并根据连线简捷、调节顺手、观察与读数方便的原则进行合理布局。输入信号源置于实验板的左侧，测试用的示波器与电压表置于实验板的右侧，实验用的直流电源放在中间位置。其次，严格按照实验电路和操作要求接线，经认真检查并在指导教师核查无误后方可接入电源。实验中应养成接线时先接实验电路，后接电源；拆线时先拆电源，后拆实验电路的良好习惯。仪器使用完毕后，应将面板上的各旋钮、开关置于适当位置，如万用表转换开关应旋转至交流电压档最高量程。再次，在接通电源时应密切注意实验现象，如果有短路等紧急异常情况应立即关闭电源，采用不带电的方式检查电路是否连接正确。如果电路现象不对，但是没有危险的情况下可以带电测量，找到不对的地方再做实验。

记录实验数据时，为获得正确的数据和波形，应做到以下几点。首先，必须根据不同的测试对象正确选用合适的仪器仪表和量程。如在不同场合下，测量不同频率范围和不同电压量级的信号电压，应注意选用不同灵敏度和内阻、不同频响的电压表。观察不同的信号波形，同样要选用频率范围适合的示波器。其次，所选的量程要合适，否则将造成较大的测量误差。其次，所记录的数据必须是原始读数，而不是经换算后的数值，并应标明名称、单位。需绘制曲线时，注意在曲线变化显著的部位要多读取一些数据。对测得的原始数据还需预先做出估算，做到心中有数，以便及时发现并解决问题。另外，还应记录所使用仪器的型号、精度等级，必要时还应记下环境条件（如温度等），供实验后分析、核对。

实验报告是实验结果的总结和反映，也是实验课的继续和提高。通过撰写实验报告，使知识条理化，可以培养学生综合分析问题的能力。一个实验的价值在很大程度上取决于实验报告质量的高低，因此对实验报告的撰写必须予以充分的重视。实验报告的主要内容包括：实验目的、实验原理、实验设备、实验步骤和测试方法、实验数据、波形和现象以及对它们的处理结果、实验数据分析、实验结论以及实验中问题的处理、讨论和建议，收获和体会。

在编写实验报告时，常常要对实验数据进行科学的处理，才能找出其中的规律，并得出

正确的结论。常用的数据处理方法是列表和作图。实验所得的数据可记录在表格中，这样便于对数据进行分析和比较。实验结果也可绘制成曲线直观地表示出来。

实验报告撰写要求书写工整，文字通顺，符号标准，图表齐全，讨论深入，结论简明。

对于实验数据和实验结果应该进行讨论和分析，总结实验结果，给出实验结论，对于较为复杂的问题应进行深入讨论。

1.3　数字电路课程设计的基本要求

“数字电路课程设计”课程是电子信息科学与电气信息类专业学生在电子技术方面入门性质的基础课程。本课程基于可编程逻辑器件，使用硬件描述语言 Verilog HDL 完成一个数字系统的设计，并在实验平台上完成，使学生掌握数字电路的基本设计方法和调试方法，熟悉数字电路的基本概念和基本方法，培养学生自主学习和创新能力，为后续课程的学习打好基础。

教学的基本要求包括能够根据设计需要查阅专业资料，学会数字系统的设计方法，能够实现小系统的组装和调试；掌握 Verilog HDL 编程的基本语法和框架结构，掌握基本组合逻辑电路和常见时序逻辑电路的设计方法，掌握有限状态机设计时序逻辑电路的方法，掌握元件例化等语法完成多层级数字系统的设计方法；掌握 Quertus II 软件平台设计数字电路的基本流程，学会设计和调试数字电路的方法，会根据需要进行仿真验证设计的正确性；掌握数字电路实验平台的使用方法，能读懂要用到部分的电路图，对实验平台上没有的硬件部分要完成电路设计；初步学会分析、寻找和排除实验电路中故障的方法；能够正确记录和处理实验数据，并写出符合要求的设计报告。

1.4　实验室守则

在实验中心选课系统注册，选择相应课程时间。按照预约时间到指定实验室进行实验，不得迟到。如果不能按时上课，请在预约实验时间之前提前退课。预约网上实验的同学，也应在规定的时间内完成相应实验内容。

实验前，必须认真预习实验指导书中的相关内容，熟悉实验目的、内容和操作步骤。凡没有预习者一律不得参加实验。

严格遵照实验室的各项规章制度和安全要求，遵守课堂纪律，保持室内安静、整洁。

服从指导教师的指导，严格按照操作要求做好实验准备，待指导教师检查许可后，方可启动仪器设备。要爱护实验室的仪器设备和公共设施，移动仪器设备时，必须轻拿轻放。实验中，禁止动用与实验无关的仪器设备，未经允许不得随意调换仪器设备，更不准擅自拆卸仪器设备。凡因违反操作规程而损坏仪器设备者，须按学校有关规定进行赔偿。

实验过程中，要认真观察实验现象，详细记录相关实验数据，不允许抄袭他人的实验数据，不允许擅自离开操作岗位，如发现仪器异常，应立即切断电源或者停止实验，并及时报告指导教师。

做自行设计实验时，应事先向指导教师报告实验目的、实验内容和所需实验仪器，经过指导教师同意后，方能在实验室安排的时间内进行实验。

每次实验结束时，指导教师应对实验数据签字认可。学生应及时、认真、独立完成实验报告，上交指导教师批阅。

实验结束后须整理好所使用的仪器设备、工具及材料，清理实验场地，关闭电源和门窗，经指导教师检查验收后方可离开实验室。离开时请将个人物品带走。

电脑中不能存放与教学无关的资料，不能做和课程无关的事情。实验应该独立完成，不能携带其他学生报告或者使用手机等工具参考其他人的设计进行实验。

1.5 实验室安全操作规范

在实验室指定的位置进行实验。实验前，应检查要使用的实验设备是否在正确的位置，注意人身安全，防止使用过程中造成事故。

使用设备前，检查是否有漏电等危险情况。如果设备不正常，要关闭电源，请指导教师更换。禁止学生未经允许移动和更换以及检修设备。实验室内的仪器设备要安全接地，注意仪器设备的通风和防尘，远离高温及强辐射区域。

仪器设备要按照使用说明书操作，严禁用锐器和硬物损坏仪器设备、电源线和信号线等，严禁在实验室刻画和做标记等行为。应正确选择和使用设备，严禁违章操作，避免人身事故和仪器损坏，造成损失的要赔偿。要掌握仪器设备的使用方法和注意事项，实验中要有目的地扳（旋）动仪器设备上的开关（旋钮），扳（旋）动时，切忌用力过猛，造成损坏。

一般情况下，禁止学生携带个人的电子元器件和设备进入实验室。学生自制的电路必须经过指导教师批准才能接到实验设备上。严禁学生携带实验室的设备和元器件等到实验室外。借用设备时要请示指导教师，登记之后再带离，并在规定的时间内归还，归还时要检查是否正常。

实验过程中，禁止带电操作，检查电路时要关闭电源。如果发现有异常发热、焦糊味和异常声响等，应首先关闭电源，并请指导教师解决。如遇到地震、火灾等灾害要按照实验室安全预案进行处理。

严禁在实验室内从事吸烟、食宿、娱乐等与实验无关的活动。实验结束后，要整理实验设备到正确的位置，清扫卫生后，经过指导教师允许才能离开。离开时把个人物品和垃圾带走，各个实验设备要关闭电源，计算机和投影仪要按照正确的方法关机，不得强行关闭。

第 2 章　数字电路实验基础

2.1　数字集成电路的分类

数字集成电路有双极型集成电路（如 TTL、ECL）和单极型集成电路（如 CMOS）两大类，每类中又包含不同的系列品种。

TTL 数字集成电路内部的输入级和输出级都是晶体管结构，属于双极型数字集成电路。其主要系列有：

（1）74 系列。这是早期的产品，现仍在使用，但正逐渐被淘汰。

（2）74H 系列。这是 74 系列的改进型，属于高速 TTL 产品。其“与非门”的平均传输时间只有 10ns 左右，但电路的静态功耗较大。目前该系列产品的使用越来越少，逐渐被淘汰。

（3）74S 系列。这是 TTL 的高速型肖特基系列。在该系列中，采用了抗饱和肖特基二极管，速度较高，但功耗较大，品种较少。

（4）74LS 系列。这是 TTL 的低功耗肖特基类型，当前 TTL 类型中的主要产品系列，是 74S 系列的改进型。该系列品种和生产厂家都非常多，性能价格比比较高，目前在中小规模电路中应用非常普遍。

（5）74ALS 系列。这是“先进的低功耗肖特基”系列。属于 74LS 系列的后继产品，速度（典型值为 4ns）、功耗（典型值为 1mW）等方面都有较大的改进，但价格比较高。

（6）74AS 系列。这是 74S 系列的后继产品，其速度（典型值为 1.5ns）有显著的提高，又称“先进超高速肖特基”系列。

TTL 集成电路的主要特点是工作速度快，参数稳定，工作可靠，输出功率大，带负载能力强，噪声容限小，一般只有几百 mV。

CMOS 数字集成电路是利用 NMOS 管和 PMOS 管巧妙组合成的电路，属于一种微功耗的数字集成电路。其主要系列有：

（1）标准型 4000B/4500B 系列。该系列是以美国 RCA 公司的 CD4000B 系列和 CD4500B 系列制定的，与美国 Motorola 公司的 MC14000B 系列和 MC14500B 系列产品完全兼容。该系列产品的最大特点是工作电源电压范围宽（3～18V）、功耗低、速度较慢、品种多、价格低廉，是目前 CMOS 集成电路的主要应用产品。

（2）74HC 系列。74HC 系列是高速 CMOS 标准逻辑电路系列。74HCxxx 是 74LSxxx 同序号的翻版，型号最后几位数字相同，表示电路的逻辑功能、引脚排列完全兼容，为用 74HC 替代 74LS 提供了方便。

（3）74AC 系列。该系列又称为“先进的 CMOS 集成电路”，54/74AC 系列具有与 74AS 系列等同的工作速度和与 CMOS 集成电路固有的低功耗及电源电压范围宽等特点。

CMOS 集成电路的主要特点有：

（1）具有非常低的静态功耗。在电源电压 $V_{CC}=5V$ 时，中规模集成电路的静态功耗小于 100mW。

（2）具有非常高的输入阻抗。正常工作的 CMOS 集成电路，其输入保护二极管处于反偏状态，直流输入阻抗大于 100MΩ。

（3）宽的电源电压范围。CMOS 集成电路标准 4000B/4500B 系列产品的电源电压为 3～18V。

（4）扇出能力强。在低频工作时，一个输出端可驱动 CMOS 器件 50 个以上的输入端。

（5）抗干扰能力强。CMOS 集成电路的电压噪声容限可达电源电压值的 45%，且高电平和低电平的噪声容限值基本相等。

（6）逻辑摆幅大。CMOS 电路在空载时，输出高电平 $V_{OH} \geqslant V_{CC}-0.05V$，输出低电平 $V_{OL} \leqslant 0.05V$。

由于数字集成电路有不同的系列，不同系列的相同型号的电路功能基本相同，所以本书中未专门指出系列。

2.2 数字电路中的逻辑电平

数字电路或数字集成电路是由许多的逻辑门组成的复杂电路。数字集成电路有各种门电路、触发器，以及由它们构成的各种组合逻辑电路和时序逻辑电路。数字电路中研究的主要问题是输出信号的状态（“0”或“1”）和输入信号（“0”或“1”）之间的逻辑关系，即电路的逻辑功能。

表示数字电压的高、低电平通常称为逻辑电平，在正逻辑下，“0”是低电平，“1”是高电平。高低电平没有明确的界限，针对具体问题需要具体分析。

首先，要确定集成电路的供电电压等级。电源电压不同，器件的特性参数相差很大。常用的逻辑电平有 TTL、CMOS、LVTTL、ECL 等不同类型，其中 TTL 和 CMOS 的逻辑电平按照典型电压可以分为四类：5V 系列（5V TTL 和 5V CMOS）、3.3V 系列、2.5V 系列和 1.8V 系列。5V TTL 和 5V CMOS 逻辑电平是通用的逻辑电平。3.3V 及以下的逻辑电平被称为低电压逻辑电平。

其次，在供电等级相同的情况下，也要分析器件输入和输出的两种情况，也就是输入高电平（V_{IH}）和输出高电平（V_{OH}），输入低电平（V_{IL}）和输出低电平（V_{OL}）。一般地，

$$V_{OH(max)} > V_{IH(min)} \tag{2.1}$$

$$V_{OL(max)} < V_{IL(min)} \tag{2.2}$$

才能保证两个电路相连接的时候逻辑电平是正确的。

再次，不同类型的数字电路输入和输出特性相差很大，表 2.1 仅是 TTL 和 CMOS 两种类型部分电路的参数，电源电压为 5V。

表 2.1　各种数字集成电路的参数

电路种类 / 参数名称	TTL 74 系列	TTL 74LS 系列	CMOS 4000 系列	高速 CMOS 74HC 系列	高速 CMOS 74HCT 系列
$V_{IH(min)}$/V	2	2	3.5	3.5	2
$V_{IL(max)}$/V	0.8	0.8	1.5	1	0.8
$I_{IH(max)}$/μA	40	20	0.1	0.1	0.1
$I_{IL(max)}$/mA	−1.6	−0.4	-0.1×10^{-3}	-0.1×10^{-3}	-0.1×10^{-3}

续表

参数名称 \ 电路种类	TTL 74系列	TTL 74LS系列	CMOS 4000系列	高速CMOS 74HC系列	高速CMOS 74HCT系列
$V_{OH(min)}$/V	2.4	2.7	4.6	4.4	4.4
$V_{OL(max)}$/V	0.4	0.5	0.05	0.1	0.1
$I_{OH(max)}$/ mA	−0.4	−0.4	−0.51	−4	−4
$I_{OL(max)}$/mA	16	8	0.51	4	4

当然，数字电路中的三态门除“0”和“1”两种取值外，还有高阻态。

2.3　TTL 电路与 CMOS 电路的连接

如 2.2 节所述，TTL 电路与 CMOS 电路有很大的差别。在电路设计中，要尽量选用同一类型的集成电路。在需要混合使用 TTL 电路和 CMOS 电路时，要考虑供电等级、不同电路类型的电平转换与电流驱动等问题，设计合适的接口电路。74HCT 系列 CMOS 电路与 74LS 系列 TTL 电路可以直接连接，不需要使用其他接口。

如果是 TTL 驱动 CMOS 电路，由于 CMOS 输入电流较小，不需要考虑驱动电流问题，但是要考虑它们之间的电平转换问题。如果都使用 5V 电源，只要在 TTL 电路的输出端接一个上拉电阻，或者采用专用的电平转换器，如 CC4504 或者 CC40109 等。

如果是 CMOS 驱动 TTL 电路，要考虑驱动电流问题。一般可以采用专用驱动电路 CC4049 或者 CC4050，也可以采用专用驱动电路 CC4009 或者 CC4010。

2.4　数字集成电路的封装

封装就是指把硅片上的电路引脚，用导线接引到外部接头处，以便与其他器件连接。封装形式是指安装半导体集成电路芯片用的外壳。它不仅起着安装、固定、密封、保护芯片及增强电热性能等方面的作用，而且还通过芯片上的接点用导线连接到封装外壳的引脚上，这些引脚又通过印刷电路板上的导线与其他器件相连接，从而实现内部芯片与外部电路的连接。

在结构方面，封装经历了从最早期的晶体管 TO（如 TO-89、TO92）封装发展到了双列直插式封装，随后由 PHILIPS 公司开发出了 SOP 小外形封装，以后逐渐派生出 SOJ（J 型引脚小外形封装）、TSOP（薄小外形封装）、VSOP（甚小外形封装）、SSOP（缩小型 SOP）、TSSOP（薄的缩小型 SOP）及 SOT（小外形晶体管）、SOIC（小外形集成电路）等封装形式。从材料介质方面，包括金属、陶瓷、塑料等，目前很多高强度工作条件需求的电路如军工和宇航级别仍有大量的金属封装。

常见的封装形式有：

1）SOP/SOIC 封装

SOP 是英文 Small Outline Package 的缩写，即小外形封装。SOP 封装技术由 1968—1969 年飞利浦公司开发成功，以后逐渐派生出 SOJ（J 型引脚小外形封装）、TSOP（薄小外形封装）、VSOP（甚小外形封装）、SSOP（缩小型 SOP）、TSSOP（薄的缩小型 SOP）及 SOT（小外形晶体管)、SOIC（小外形集成电路）等封装形式。SOP 的引脚中心距为 1.27mm，见图 2.1。

2）DIP 封装

DIP 是英文 Double In-line Package 的缩写，即双列直插式封装，见图 2.2。引脚从封装两侧引出，引脚中心距为 2.54mm，引脚数从 6 到 64。封装宽度通常为 15.2mm，也有 7.52mm 和 10.16mm 两种窄封装形式。封装材料有塑料和陶瓷两种。DIP 是最普及的插装型封装，应用范围包括标准逻辑 IC、存储器 LSI、微机电路等。

图 2.1　SSOP 封装

图 2.2　DIP 封装

3）PLCC 封装

PLCC 是英文 Plastic Leaded Chip Carrier 的缩写，即塑封引线芯片封装，见图 2.3。PLCC 封装引脚中心距为 1.27mm，引脚数从 18 到 84 个。PLCC 封装适合用 SMT 表面安装技术在 PCB 上安装布线，具有外形尺寸小、可靠性高的优点。

4）TQFP 封装

TQFP 是英文 Thin Quad Flat Package 的缩写，即薄塑封四角扁平封装，见图 2.4。TQFP 工艺能有效利用空间，从而降低对印刷电路板空间大小的要求。几乎所有 Altera 公司的 CPLD/FPGA 都有 TQFP 封装。

5）PQFP 封装

PQFP 是英文 Plastic Quad Flat Package 的缩写，即塑封四角扁平封装。PQFP 封装的芯片引脚之间距离很小，引脚很细，一般大规模或超大规模集成电路采用这种封装形式，其引脚数一般都在 100 个以上。

6）BGA 封装

BGA 是英文 Ball Grid Array Package 的缩写，即球栅阵列封装，见图 2.5。20 世纪 90 年代随着技术的进步，芯片集成度不断提高，I/O 引脚数急剧增加，功耗也随之增大，对集成电路封装的要求也更加严格。为了满足发展的需要，BGA 封装开始被应用于生产。

图 2.3　PLCC 封装

图 2.4　TQFP 封装

图 2.5　BGA 封装

在实验室中，为了便于安装和调试，更换损坏的器件等，采用 DIP 封装的形式比较多。

2.5　数字电路实验的常见故障和排除方法

数字电路的逻辑电平只有“0”和“1”，相对于模拟电路来说较为简单。但是在实验过程中，仍然会出现这样或者那样的问题。对于那些出了故障的电路需要仔细排查，只有很好地结合理论知识和实践经验，才能快速和准确地排除故障。

常见故障有：

（1）测试设备引起的故障。包括信号源和测试设备本身都有可能出现问题，需要通过与正常的设备比对测试加以判断。当然，有时是没有正确地使用测试设备造成的“错觉”。

（2）电路中元器件本身原因引起的故障。这种情况在工程实践中也会发生，需要使用者在使用前做器件好坏测试。如果电路已经搭接完成，则需要做相应的功能测试来判断。

（3）人为引起的故障。包括操作者错接或者漏接连线、芯片选择错误等。也有一些同学不接集成电路电源线或者接地线，造成芯片不能工作，这与逻辑图中经常省略电源和地有关。还要注意一些集成电路有使能端，当这些引脚无效时，电路一直处于一种无效状态，不受其他输入控制。

（4）电路接触不良引起的故障。一般是电路连线折断或者接口松弛导致接触不良，需要通过测试加以判断。

（5）各种干扰引起的故障。对于TTL电路来说，不用的输入引脚可以不接，但是有可能因干扰造成不确定性。对于CMOS电路来说，不用的输入引脚是不能悬空的，如果不接可能会有问题。另外，数字电路本身容易引入各种干扰，需要在布线的时候多加注意。

当出现故障时，应该按照从前到后的顺序，逐个调整单元电路。如果电路中有时序逻辑电路，可以先让时序逻辑电路保持在某个状态上，这样电路中各点的逻辑电平可以由原理推出，做相应的测试就可以了。有时电路中的故障是由该电路之前或者之后的其他电路出现故障引起的，需要先断开前后电路的耦合关系，再次测量，加以判断。

在数字电路实验室中，测试的基本设备是实验箱上的逻辑笔和示波器。学生在学习数字电路的时候，要尽量依靠测量等辅助手段进行分析和查找故障来源，并结合理论知识，思考和总结故障产生的原因，才能使个人能力有所提高。

第3章　组合逻辑电路实验

组合逻辑电路是指在任何时刻，输出状态只取决于同一时刻各输入状态的组合，而与电路以前状态无关的电路。因此组合逻辑电路的输出值只与该时刻的输入值和内部电路的组合有关，而与其他时刻的状态无关。

组合逻辑电路的输出可以用在很多方面，如用于开关报警器，给继电器加电，打开一个指示灯，还可以用来选定或取消选定的另一个数字电路。组合逻辑电路也可以用来检查数据错误，以及用来选择或分配某个二进制数。

组合逻辑电路归纳起来有如下两个特点：

（1）输入、输出之间没有反馈延迟通道。

（2）电路中无记忆单元。

对于每一个逻辑表达式或逻辑电路，其真值表达式是唯一的，但其对应的逻辑电路或逻辑表达式可能有多种实现形式。所以，一个特定的逻辑问题，其对应的真值表是唯一的，但实现它的逻辑电路是多种多样的。在实际设计工作中，如果由于某些原因无法获得某些门电路时，可以通过变换逻辑表达式，最终使用其他器件来代替该器件实现要求的逻辑关系。同时，为了使逻辑电路的设计更为简捷，通过各种方法对逻辑表达式进行化简是必要的。组合电路可用一组逻辑表达式来描述。设计组合逻辑电路实际上就是实现逻辑表达式，要求在满足逻辑功能和技术要求的基础上，力求使电路简单、经济、可靠。实现组合逻辑函数的途径是多种多样的，可采用基本门电路，也可采用中、大规模集成电路。

下面以三人表决电路为例，说明组合逻辑电路的一般设计步骤。

三人表决电路有三个输入变量（表示三个人投票表决），当任意两个或两个以上的输入为高电平（表示同意）时，输出为高电平（表示结果通过），否则输出为低电平（表示结果被否决）。

（1）分析设计要求，列出真值表。

根据三人表决电路的要求，列出表 3.1 所示的真值表，其中 A、B、C 表示三个输入，Y 表示输出。

表 3.1　三人表决电路的真值表

C	B	A	Y
0	0	0	0
0	0	1	0
0	1	0	0
0	1	1	1
1	0	0	0
1	0	1	1
1	1	0	1
1	1	1	1

（2）根据真值表列出逻辑表达式，再对表达式进行逻辑化简和必要的变换，得到所需的最简逻辑表达式。

根据真值表，三人表决电路的逻辑表达式为：

$$Y = ABC + \overline{A}BC + A\overline{B}C + AB\overline{C}$$

用卡诺图对表达式进行化简，得到最简表达式为：

$$Y = AB + BC + AC$$

（3）根据最后得到的表达式，设计电路，并画出电路图。

根据最简表达式，可以用与门、或门设计三人表决电路，图 3.1 所示为所设计的电路。

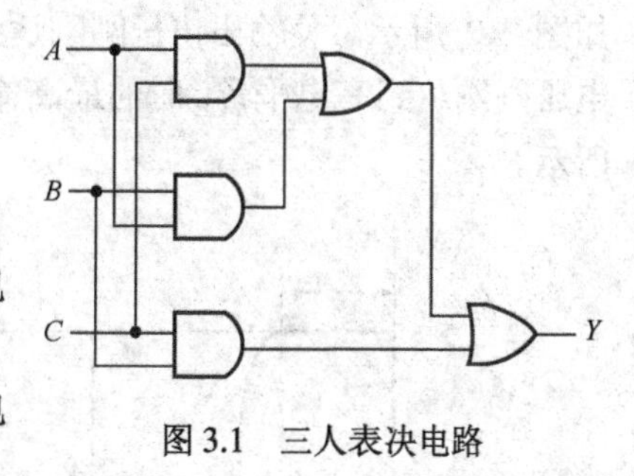

图 3.1　三人表决电路

3.1　TTL 和 CMOS 集成逻辑门电气参数测试

一、实验目的

1．掌握 TTL 集成与非门和 CMOS 集成与非门的主要电气参数的测试方法。

2．掌握 TTL 及 CMOS 器件的使用规则。

二、实验原理

（一）TTL 与非门参数测试

1．低电平输出电源电流 I_{CCL} 和高电平输出电源电流 I_{CCH}。

与非门处于不同的工作状态，电源所提供的电流是不同的。I_{CCL} 是指所有输入端为高电平，输出低电平且为空载时，电源提供器件的电流；I_{CCH} 是指至少有一个输入端为低电平，输出高电平且为空载时，电源提供器件的电流。

根据 I_{CCL} 和 I_{CCH} 还可以计算出器件的空载导通功耗 P_{on} 和空载截止功耗 P_{off}：

$$P_{on} = V_{CC} \times I_{CCL}$$

$$P_{off} = V_{CC} \times I_{CCH}$$

2．输出高电平 V_{OH} 和输出低电平 V_{OL}。

输出高电平 V_{OH} 是指至少有一个输入端为低电平，输出高电平，且不接负载时输出端的电压值。输出低电平 V_{OL} 是指所有输入端都接高电平，输出为低电平，且不接负载时输出端的电压值。

3．低电平输入电流 I_{IL} 和高电平输入电流 I_{IH}。

低电平输入电流 I_{IL} 又称输入短路电流 I_{IS}，它是指被测输入端接地，其余输入端悬空，输出端空载时，流过被测输入端的电流值。在多级门电路中，I_{IL} 相当于前级门输出低电平时，后级门灌入前级门的电流，它将影响到前级门带负载的能力。I_{IH} 是指被测输入端接高电平，其余输入端接地，输出空载时，流过被测输入端的电流值。在多级门电路中，I_{IH} 相当于前级门输出高电平时，前级门的拉电流负载，其大小关系到前级门的拉电流负载能力。

4．电压传输特性曲线、开门电平 V_{on} 和关门电平 V_{off}。

逻辑门的输出电压 V_o 随输入电压 V_i 而变化的曲线 $V_o = f(V_i)$ 称为门的电压传输特性曲线，如图 3.2 所示。使输出电压刚刚达到低电平 V_{OL} 时的最低输入电压称为开门电平 V_{on}，使输出电压刚刚达到高电平 V_{OH} 时的最高输入电压称为关门电平 V_{off}。V_{on} 与 V_{off} 的测试电路如图 3.2 所示。

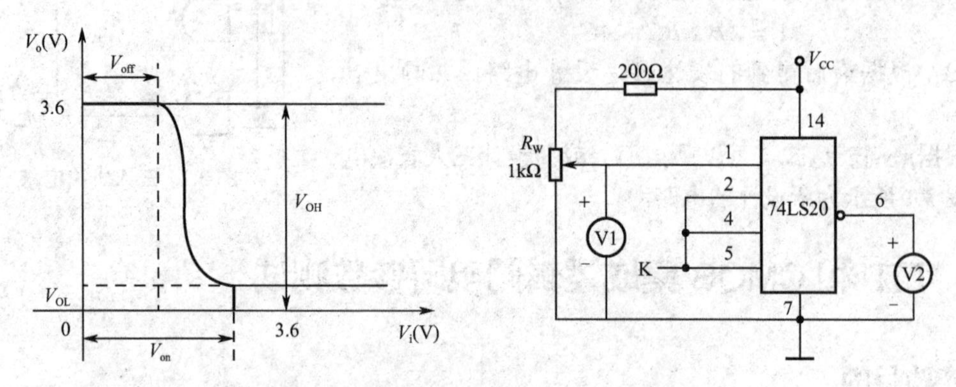

图 3.2　电压传输特性曲线及 V_{on} 与 V_{off} 的测试电路

5．平均传输延迟时间 t_{pd}。

t_{pd} 是衡量门电路开关速度的参数，它是指输出波形边沿的 $0.5V_m$ 至输入波形对应边沿 $0.5V_m$ 点的时间间隔，其中 V_m 是输出电压的最大值。

t_{pdL} 为导通延迟时间，t_{pdH} 为截止延迟时间，平均传输延迟时间为：

$$t_{pd} = \frac{1}{2}(t_{pdL} + t_{pdH})$$

一般情况下，低速器件的 t_{pd} 约为 40～160ns，中速器件的 t_{pd} 约为 15～40ns，高速器件的 t_{pd} 约为 8～15ns，超高速器件 t_{pd} <8ns。

平均传输延迟时间 t_{pd} 的测试电路如图 3.3 所示。

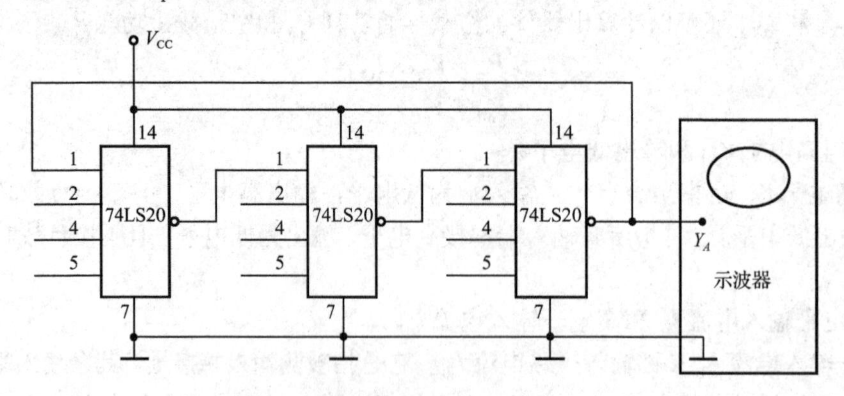

图 3.3　平均传输延迟时间 t_{pd} 的测试电路

器件平均传输延迟时间的近似计算方法，其中 T 是振荡产生的信号的周期：

$$t_{pd} = \frac{1}{6}T$$

平均传输延迟时间测量的 AR 实验，请用手机扫描 APP 二维码、安装 APP，再扫描图 3.4 和图 3.5 分别观察实验现象。

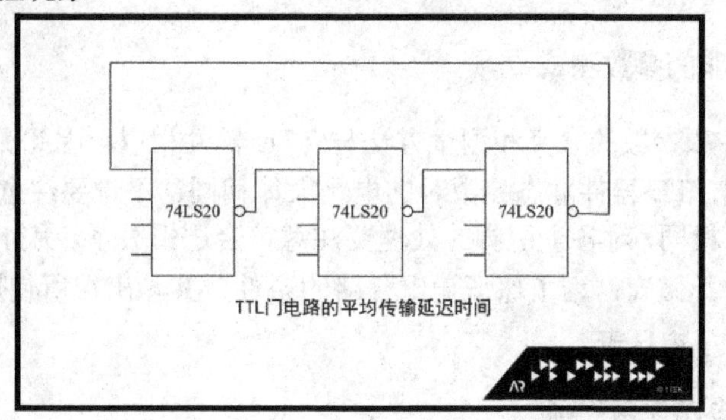

图 3.4　TTL 门电路的平均传输延迟时间测量的 AR 实验图

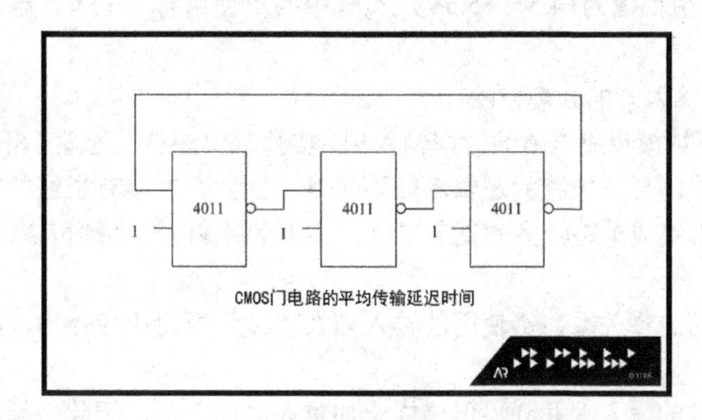

图 3.5　CMOS 门电路的平均传输延迟时间测量的 AR 实验图

6．扇入系数 N_i 和扇出系数 N_o。

在特定的逻辑系列中，门电路所具有的输入端的数目，被称为该逻辑系列的扇入系数 N_i，而扇出系数 N_o 是指门电路输出能够带动同类型门的数目的最大值。扇出系数 N_o 的测试电路如图 3.6 所示。

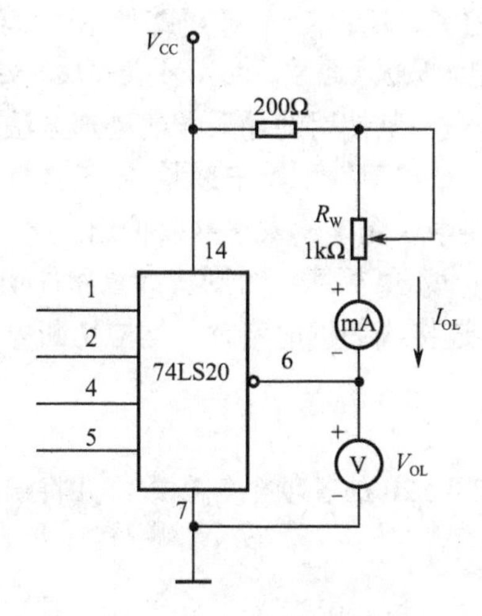

图 3.6　扇出系数测试电路

按图 3.6 接线，接通电源，调节电位器 R_W，使电压表值为 V_{OL} =0.4V，读出此时电流表值 I_{OL}，则扇出系数 $N_o = I_{OL} / I_{IL}$。

（二）CMOS 与非门参数测试

CMOS 器件的各项参数的含义和测试方法与 TTL 器件相似，因此测试 CMOS 器件静态参数时的电路与测试 TTL 器件静态参数时的电路大体相同，不过要注意 CMOS 器件和 TTL 器件的使用规则各不相同，对各个引脚的处理要注意符合逻辑关系。另外，CMOS 器件的 I_{CCL} 和 I_{CCH} 值极小，仅为几微安，为了保证输出开路的条件，其输出端所使用的电压表内阻要足够大，最好用直流数字电压表。

（三）TTL 集成电路使用规则

1．电源电压使用范围为+4.5～+5.5V，实验中要求使用 V_{CC} =+5V，电源极性绝对不允许接错。

2．对不使用的输入端的处理方法：

(1) 对于一般小规模集成电路的数据输入端，实验时允许悬空处理（相当于逻辑高电平），但容易受到外界干扰，导致电路的逻辑功能不正常。因此，对接有长线的输入端，中规模以上的集成电路和使用集成电路较多的复杂电路，所有控制输入端必须按逻辑要求接输入电路，不允许悬空。

(2) 根据电路的逻辑关系，不使用的输入端在“或”逻辑中应接地，在“与”逻辑中接电源。

(3) 可以与使用的输入端并联，但这样会加重前级的负载，因此必须以前级的驱动能力允许为前提。

3．输出端不允许直接接地或直接连接到+5V 电源，否则将损坏器件。

（四）CMOS 集成电路使用规则

由于 CMOS 电路有很高的输入阻抗，因此外来的干扰信号很容易在一些悬空的输入端上感应出很高的电压，以致损坏器件，所以 CMOS 电路使用中应注意下列几点：

1．V_{DD} 接电源正极，V_{SS} 接电源负极（通常接地），不得接反。实验中一般要求使用+5V～+15V。

2．所有输入端一律不准悬空，不使用的输入端的处理方法如下：

(1) 根据电路的逻辑关系，在“或”逻辑中接 V_{SS}，在“与”逻辑中接 V_{DD}。

(2) 在工作频率不高的电路中，允许输入端并联使用。

3．输出端不允许直接与 V_{DD} 或 V_{SS} 相连，否则将导致器件损坏。

4．在装接电路，改变电路连接或插拔电路时，均应切断电源，严禁带电操作。

三、实验内容

1．测试 TTL 集成与非门 74LS20 的各项电气参数，并将结果填入表 3.2 中。

表 3.2　74LS20 各项电气参数测试值

参数	I_{CCL}	I_{CCH}	P_{on}	P_{off}	V_{OH}	V_{OL}	I_{IL}	I_{IH}	t_{pd}	N_o
测量值										

2．测试 CMOS 集成与非门 CD4011 的各项电气参数，并将结果填入表 3.3 中。

表 3.3　CD4011 各项参数测试值

参数	I_{CCL}	I_{CCH}	P_{on}	P_{off}	V_{OH}	V_{OL}	I_{IL}	I_{IH}	t_{pd}	N_o
测量值										

3．绘出 CD4011 的电压传输特性曲线，测试电路如图 3.7 所示。

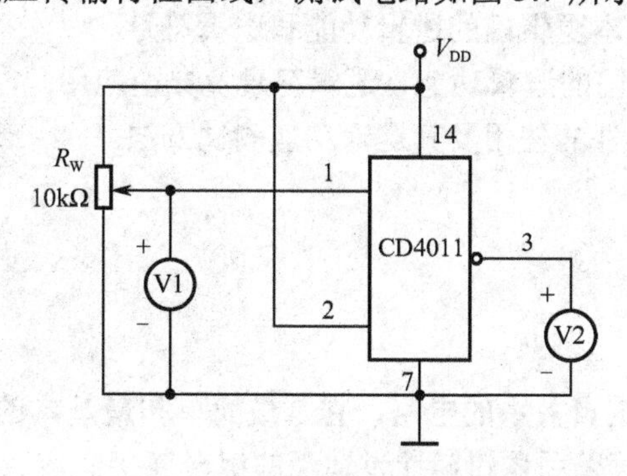

图 3.7　CD4011 电压传输特性曲线的测试电路

按图 3.7 连接，调节电位器 R_W，选择若干个输入电压值 V_i，测量相应的输出电压值 V_o，将 V_i 和 V_o 记入表 3.4 中，根据测量的数据绘出 CD4011 的电压传输特性曲线。

表 3.4　CD4011 电压传输特性测试值

V_i	V_o	电压传输特性曲线

四、思考题

1. TTL 与 COMS 集成电路对于不使用的输入端处理有什么规定？有何不同？原因是什么？

2. TTL 与 CMOS 与非门的输出高、低电平，哪个更接近理想高、低电平？这说明什么问题？

3.2 数字电路基本逻辑门功能验证

一、实验目的

1. 掌握数字电路中基本逻辑门的逻辑功能和逻辑符号。
2. 掌握 OC 门、三态门的逻辑功能、逻辑符号及典型应用。
3. 掌握集成门电路器件的使用及其逻辑功能测试方法。

二、实验原理

（一）基本逻辑门

逻辑门就是实现各种逻辑关系的电路，它是最简单和最基本的数字集成元件。任何复杂的组合电路和时序电路都可以用逻辑门通过适当的组合连接而成。表 3.5 给出了常用逻辑门的逻辑符号和门电路控制信号的功能描述。

1. 摩根定理

摩根定理是数字电路简化和逻辑变换时最重要的定理，可以表示为

$$\overline{A\cdot B\cdot\cdots\cdot N}=\overline{A}+\overline{B}+\cdots+\overline{N}$$
$$\overline{A+B+\cdots+N}=\overline{A}\cdot\overline{B}\cdot\cdots\cdot\overline{N}$$

应用摩根定理可以只用与非门或只用或非门就能完成与、或、非、异或等逻辑运算。由于在实际工作中大量使用与非门，因此对于一个表达式，应用摩根定理，用两次求反的方法，就能较方便地实现两级与非门网络。例如：用与非门去实现 $F=AB+CD$ 的逻辑功能，用摩根定理可得 $F=\overline{\overline{AB+CD}}=\overline{\overline{AB}\cdot\overline{CD}}$，根据此表达式就可很容易地画出用与非门表示的逻辑图。

2. 逻辑门对数字信号的控制作用

逻辑门对数字信号控制的原理很简单，就是利用逻辑门的逻辑功能在门的一端加上控制信号（“1”电平或“0”电平），由控制信号决定门电路的打开或关闭。当门电路处于打开状态时，数字信号被传输，门电路处于关闭状态时，则数字信号无法通过（也称被封锁）。至于控制信号是“1”还是“0”，则由门电路的逻辑功能所决定。

表 3.5 列出了各种门电路控制信号的功能，单个逻辑门对数字信号只能进行简单的控制，如果功能较为复杂，则往往要用组合逻辑电路来完成。因此，如果从这一点出发，可以把数据选择器、译码器等组合逻辑电路看作门控制概念来应用。有关这些组合逻辑电路的特点将在后续实验中介绍。顺便指出，门控概念虽然简单，但却是分析组合逻辑电路的一个很有用的方法。逻辑门不仅是数字电路的基本器件，而且在脉冲波形形成和变换方面也有着十分广泛的应用。

表 3.5 常用逻辑门的逻辑符号与门电路控制信号的功能

名　　称	逻辑符号	控制信号功能描述
二输入端与门		控制信号为 1，输入输出同相； 控制信号为 0，信号不传输，输出为 0
二输入端与非门		控制信号为 1，输入输出反相； 控制信号为 0，信号不传输，输出为 1
二输入端或门		控制信号为 0，输入输出同相； 控制信号为 1，信号不传输，输出为 1
二输入端或非门		控制信号为 0，输入输出反相； 控制信号为 1，信号不传输，输出为 0
异或门		控制信号为 1，输入输出反相； 控制信号为 0，输入输出同相

（二）集电极开路门（OC 门）与三态门

数字系统中有时需要把两个或两个以上集成逻辑门的输出端直接并接在一起完成一定的逻辑功能。对于普通的 TTL 门电路，由于输出级采用了推拉式输出电路，无论输出高电平还是低电平，输出阻抗都很低。因此，通常不允许将它们的输出端并接在一起使用。集电极开路门和三态门是两种特殊的 TTL 门电路，它们允许把输出端直接并接在一起使用。

1．集电极开路门（OC 门）

集电极开路门，也叫 OC 门，其输出端可以并联使用，实现“线与”逻辑功能。OC 门还可以用作电平转换、高压显示驱动、总线缓冲驱动等。使用时注意，必须外接负载电阻，并正确选择阻值。由于 OC 门受负载电阻的限制，工作速度慢，驱动容性负载能力较差，所以仅用于对速度要求不高的系统中。随着半导体器件的发展，OC 门的应用逐渐减少。

2．三态门

三态门是一种特殊的门电路，它的输出除了正常的高电平“1”和低电平“0”两种状态外，还有第三种状态输出——高阻态，通常用“Z”来表示。处于高阻态时，电路与负载之间相当于开路。图 3.8 所示为三态门的逻辑符号，它有一个控制端（又称禁止端或使能端）EN，EN=1 为禁止工作状态，Q 呈高阻状态；EN=0 为正常工作状态，$Q=A$。

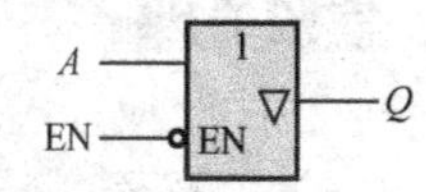

图 3.8 三态门逻辑符号

三态门在使用时，也允许把多个三态门的输出端并接在一起，但需要控制电路，使得不能有多于一个的三态门处于使能状态，若同时有两个或两个以上三态门的控制端处于使能状态，将出现与普通 TTL 门“线与”运用时同样的问题，因而是绝对不允许的。

三、实验内容

1．分别验证下列五种基本逻辑门的逻辑功能：

与门（7408），或门（7432），与非门（4011），或非门（4001），异或门（4070）（这些门的输入端数目都为两个）。

2．验证三态门功能，并测量当输出为高阻态“Z”时的实际电压。

3．用两种方法，用二输入端与非门（4011）实现非门功能。

4．用 4 个二输入端与非门（4011）实现二输入端或非门的功能。

5．用 7408 和 7432 实现三人表决电路。

6．利用 1 个二输入端与门（7408），为 1 个四输入端与非门（7420）设计低电平有效使能端 $\overline{\mathrm{EN}}$，$\overline{\mathrm{EN}}$ 无效时，四输入端与非门功能截止（输出始终为低电平）；$\overline{\mathrm{EN}}$ 有效时，四输入端与非门功能正常，要求画出设计电路并列出真值表。

7．用基本逻辑门设计一个比较电路，能够比较两个两位的无符号二进制数 A_0、A_1 和 B_0、B_1（即共有四个输入，其中 A_1、B_1 为高位）的大小，用三个输出 Y_1、Y_2、Y_3 的高电平有效分别表示大于、等于、小于三种结果。

8．设计一个组合密码锁，有两组四位二进制数输入，其中 A_0、A_1、A_2、A_3 表示预置输入，B_0、B_1、B_2、B_3 表示开锁输入，只有当开锁输入和预置输入互为反码时，锁才能打开，用一位输出 Y=“1”表示，其余情况锁都打不开，即 Y=“0”。

四、思考题

1．什么是使能端高电平有效？低电平有效？

2．如果门电路输出端要使用“线与”功能，可以用什么门？使用的时候需要注意什么问题？

3.3 编码器和译码器

一、实验目的

1．掌握二进制编码器的逻辑功能及编码方法。

2．掌握译码器的逻辑功能，了解常用集成译码器的使用方法。

3．掌握编码器、译码器的逻辑功能及其典型应用。

二、实验原理

（一）译码器

检测并确定二进制码或数的过程称为译码，而实现这种过程的电路则称为译码器。译码器可分为两种不同的类型：第一种译码器用来检测输入端的二进制码或数并激励其中一个输出端，这个被激励的输出端代表与之对应输入端的二进制码或数；第二种译码器用来检测一个二进制码或数并将其转换成另外一种码，比如驱动 7 段码显示器的 7 段码译码器，这类译码器也称为代码转换器。

1. 2-4 线译码器

2-4 线译码器的逻辑符号如图 3.9 所示，其真值表如表 3.6 所示。

2. 3-8 线译码器

3-8 线译码器有 8 种可能的输入组合，只有 1 个输出端有效，输入数据从 3 个选择输入端输入。74138 是 3-8 线译码器的芯片，其引脚排列如图 3.10 所示。

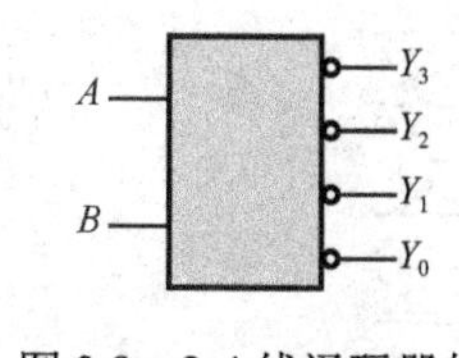

图 3.9 2-4 线译码器的逻辑符号

表 3.6 2-4 线译码器的真值表

输入		输出			
B	A	$\overline{Y_3}$	$\overline{Y_2}$	$\overline{Y_1}$	$\overline{Y_0}$
0	0	1	1	1	0
0	1	1	1	0	1
1	0	1	0	1	1
1	1	0	1	1	1

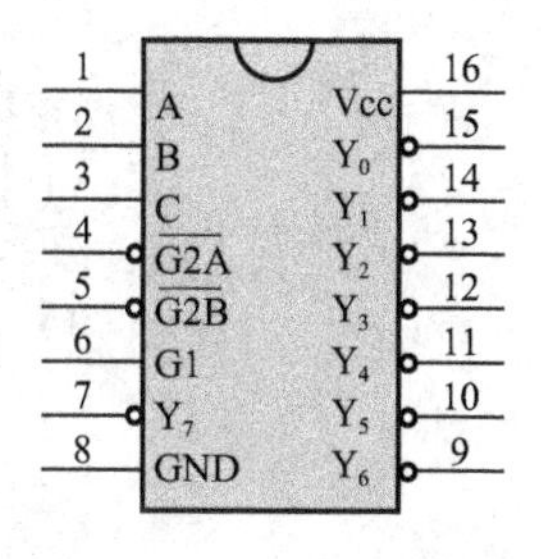

图 3.10 74138 译码器的引脚排列

74138 译码器包括两个低电平有效（$\overline{G2A}$、$\overline{G2B}$）和 1 个高电平有效（G1）的使能输入端，这些使能端必须都有效，该译码器才能正常工作。表 3.7 是 74138 的逻辑功能表。

表 3.7 74138 的逻辑功能表

输入						输出							
使能端			选择端										
G1	$\overline{G2A}$	$\overline{G2B}$	C	B	A	$\overline{Y_7}$	$\overline{Y_6}$	$\overline{Y_5}$	$\overline{Y_4}$	$\overline{Y_3}$	$\overline{Y_2}$	$\overline{Y_1}$	$\overline{Y_0}$
0	×	×	×	×	×	1	1	1	1	1	1	1	1
×	1	×	×	×	×	1	1	1	1	1	1	1	1
×	×	1	×	×	×	1	1	1	1	1	1	1	1
1	0	0	0	0	0	1	1	1	1	1	1	1	0
1	0	0	0	0	1	1	1	1	1	1	1	0	1
1	0	0	0	1	0	1	1	1	1	1	0	1	1
1	0	0	0	1	1	1	1	1	1	0	1	1	1
1	0	0	1	0	0	1	1	1	0	1	1	1	1
1	0	0	1	0	1	1	1	0	1	1	1	1	1
1	0	0	1	1	0	1	0	1	1	1	1	1	1
1	0	0	1	1	1	0	1	1	1	1	1	1	1

3. BCD-7 段码译码器

译码器也可用于数字 LED 显示器之类的设备中，这些数字 LED 显示器一般称为 7 段码显示器。LED 数码管是目前最常用的数字显示器，可以分为共阴极数码管和共阳极数码管，图 3.11 为共阴极数码管的引脚图。

一个 LED 数码管可用来显示一位 0～9 十进制数和一个小数点。小型数码管的每段发光二极管的正向压降，随显示光（通常为红、绿、黄、橙色）的颜色不同略有差别，通常约 2～2.5V，每个发光二极管的点亮电流在 5～10mA。LED 数码管要显示 BCD 码所表示的十进制

数字需要有一个专门的译码器，该译码器不但要完成译码功能，还要有相当的驱动能力。此类译码器型号有 7447（共阳极）、7448（共阴极）、4511（共阴极）等，图 3.12 所示是 4511 的引脚图。

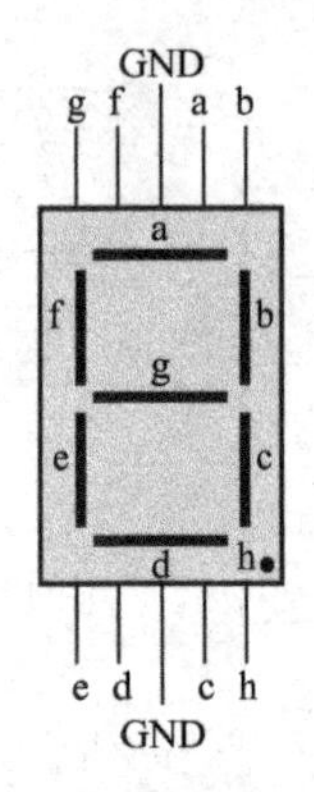

图 3.11　共阴极数码管引脚图

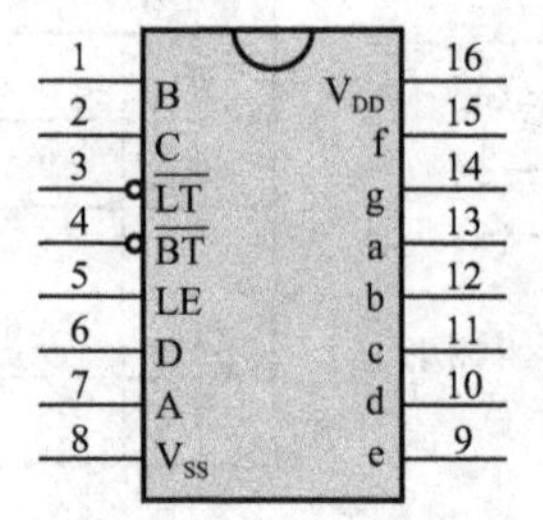

图 3.12　4511 引脚图

其中：

D、C、B、A 为 BCD 码输入端，其中 D 为输入 BCD 码的最高位，A 位最低位。

a、b、c、d、e、f、g 为译码器输出端，输出“1”有效，用来驱动共阴极 LED 数码管。

$\overline{LT}$ 测试输入端，$\overline{LT}$=“0”时，译码输出全为“1”。

$\overline{BI}$ 消隐输入端，$\overline{BI}$=“0”时，译码输出全为“0”。

LE 锁定端，LE=“1”时译码器处于锁定（保持）状态，译码输出保持在 LE=“0”时的数值，LE=“0”为正常译码。

（二）编码器

编码器是组合电路中的一种。编码是产生某种二进制码或数的过程，其功能与前面介绍的译码过程刚好相反。编码器是检测一个有效的输入，并将其转换成二进制码或数的输出电路。

4-2 线编码器的逻辑符号如图 3.13 所示，从逻辑符号可以看出这种编码器的输入（I_0～I_3）是高电平有效，其编码原理是激励一个输入信号，然后将其转换成一个码或二进制数。表 3.8 是 4-2 线编码器的功能表。从该编码器的功能表中可以看出，如果有一个以上的输入同时为高电平，则编码器没有对应的输出，即此时输出无效。要解决这个问题，就需要使用优先编码器。关于优先编码器的工作原理及功能，这里不展开讨论，有兴趣的读者可以查阅相关书籍。

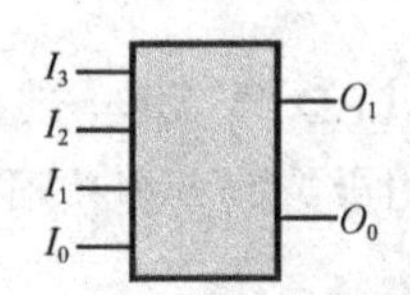

图 3.13　4-2 线编码器的逻辑符号

表 3.8　4-2 线编码器的功能表

输入				输出	
I_3	I_2	I_1	I_0	O_1	O_0
0	0	0	1	0	0
0	0	1	0	0	1
0	1	0	0	1	0
1	0	0	0	1	1

三、实验内容

1．根据 74138 引脚排列图（见图 3.10），依次验证 74138 逻辑功能表中的功能（输入使能端及选择端接实验台的逻辑开关，输出端接发光二极管）。

2．验证实验箱上 BCD-7 段码译码电路（4511）的功能。

3．用 1 个 3-8 线译码器（74138）和 2 个四输入端与非门（7420）设计全加器（提示：将全加器的输出表示成最小项的标准与或式，再根据标准与或式设计电路）。

四、思考题

1．4-2 线优先编码器与 4-2 线普通编码器有何不同？在功能上有何改进？

2．3-8 线译码器与 4-7 线译码器有何不同？在实际应用中，分别适用于什么样的电路？

3.4　数据分配器及数据选择器

一、实验目的

1．掌握数据选择器、数据分配器基本电路的构成及电路原理。

2．熟悉并掌握数据选择器、数据分配器的逻辑功能及其测试方法。

3．掌握数据选择器及数据分配器的应用。

二、实验原理

（一）数据选择器

数据选择是选择数据的过程，进行数据选择的器件通常称为数据选择器。

1．4-1 线数据选择器

4-1 线数据选择器可以选择 4 个输入中的一个数据并将其送到输出端，需要两条选择输入线（或称地址码），其结构示意图如图 3.14 所示。

74153 是一个双 4-1 线数据选择器，其引脚排列如图 3.15 所示，其中 A、B 是两个选择输入端，两个 4-1 线数据选择器共用两个选择端，使能端 $1\overline{G}$ 和 $2\overline{G}$ 是两个数据选择器的独立使能端，当 $1\overline{G}$ 有效时（$1\overline{G}$ = “0”），选择器 1 处于工作状态；当 $2\overline{G}$ 有效时（$2\overline{G}$ = “0”），选择器 2 处于工作状态。表 3.9 是 74153 的功能表。

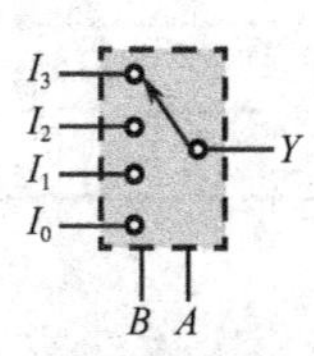

图 3.14　4-1 线数据选择器结构示意图

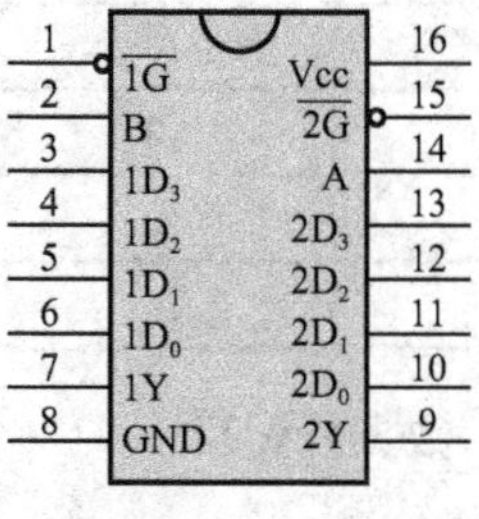

图 3.15　74153 引脚图

表 3.9　74153 功能表

选择输入		数据输入				选通	输出
B	A	D_3	D_2	D_1	D_0	$\overline{G}$	Y
×	×	×	×	×	×	1	0
0	0	×	×	×	0	0	0
0	0	×	×	×	1	0	1
0	1	×	×	0	×	0	0
0	1	×	×	1	×	0	1
1	0	×	0	×	×	0	0
1	0	×	1	×	×	0	1
1	1	0	×	×	×	0	0
1	1	1	×	×	×	0	1

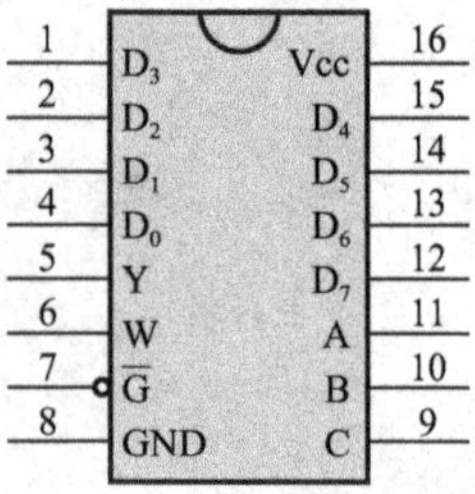

引脚	名称	名称	引脚
1	D_3	Vcc	16
2	D_2	D_4	15
3	D_1	D_5	14
4	D_0	D_6	13
5	Y	D_7	12
6	W	A	11
7	$\overline{G}$	B	10
8	GND	C	9

图 3.16　74151 引脚图

2. 8-1 线数据选择器

74151 是一个 8-1 线数据选择器，其引脚排列如图 3.16 所示，3 个选择输入端 C、B、A 用于选择 8 个数据输入 D_0～D_7 中的一个，$\overline{G}$ 为选通输入端，当 $\overline{G}$ 为低电平时该数据选择器正常工作。74151 有一个数据输出端 Y 和反码输出端 W，在选择过程中，被选中的输入数据送到 Y 输出，其反码送到 W 输出。表 3.10 是 74151 的功能表。

表 3.10　74151 功能表

输入				输出	
选择			选通	Y	W
C	B	A	$\overline{G}$		
×	×	×	1	0	1
0	0	0	0	D_0	$\overline{D_0}$
0	0	1	0	D_1	$\overline{D_1}$
0	1	0	0	D_2	$\overline{D_2}$
0	1	1	0	D_3	$\overline{D_3}$
1	0	0	0	D_4	$\overline{D_4}$
1	0	1	0	D_5	$\overline{D_5}$
1	1	0	0	D_6	$\overline{D_6}$
1	1	1	0	D_7	$\overline{D_7}$

（二）数据分配器

数据分配是一个分配数据的过程，数据分配器是用于完成数字系统中这项功能的电路。数据分配器的功能与数据选择器刚好相反，数据选择器是从几个输入中选择某个数据输出，

而数据分配器是将一条输入线上的数据分配到几条输出线上的某一个输出。

图 3.17 是 2-4 线数据分配器的示意图，通过两条输入选择线（B、A）（或地址码）来确定将输入数据分配给哪一路输出端输出。

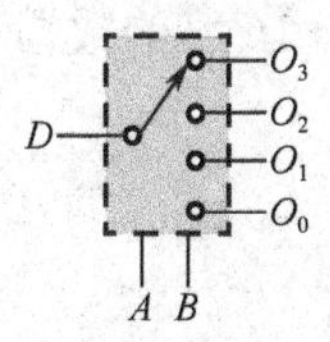

图 3.17　2-4 线数据分配器的示意图

8-1 线数据选择器的 AR 实验，请用手机扫描 APP 二维码、安装 APP，再扫描图 3.18 观察实验现象。

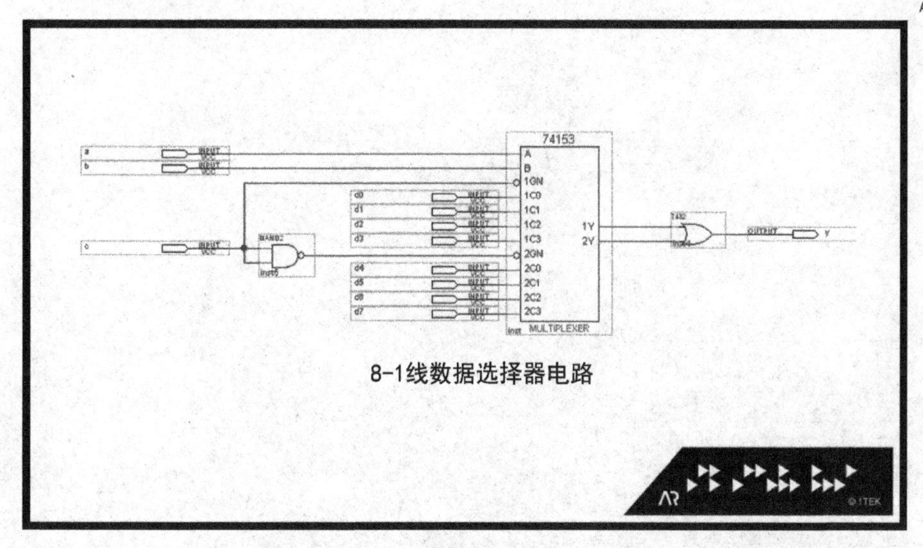

图 3.18　8-1 线数据选择器的 AR 实验图

三、实验内容

1．验证 4-1 线数据选择器（74153）的逻辑功能。

2．验证 8-1 线数据选择器（74151）的逻辑功能。

3．自行设计电路，将两个 4-1 线数据选择器（74153）扩展成为一个 8-1 线数据选择器，并验证扩展后的 8-1 线数据选择器的功能。

4．用 8-1 线数据选择器（74151）设计 4 位输入的奇校验电路，即当输入 4 位数据中“1”的个数为奇数时，输出 Y=“1”，否则 Y=“0”。画出逻辑电路图，验证逻辑功能。

5．用 8-1 线数据选择器（74151）实现下列函数：

$$F_1(A,B,C)=\overline{A}B\overline{C}+\overline{B}C$$

$$F_2(A,B,C)=\overline{AB}+\overline{B}C+B\overline{C}$$

6．用数据选择器和必要的门电路来实现 4 位二进制码转换为其补码的代码转换器，画出逻辑电路，验证其功能。

四、思考题

1．译码器、数据选择器中输入 A、B、C 哪个是高位？哪个是低位？如何区分？

2．用数据选择器和译码器设计一个 16 路的数据传输系统，画出逻辑图。

第 4 章　时序逻辑电路实验

数字电路可以简单地分为组合逻辑电路和时序逻辑电路两大类。第 3 章的组合逻辑电路实验中，电路的特点是系统的输出只和系统当前的输入有关系。时序逻辑电路是指任意时刻系统的输出可能不仅和系统当前的输入有关，还与系统过去的状态有关。由于要记住过去的状态，时序逻辑电路中肯定要包含记忆存储器件，而且也应该有进行逻辑运算的组合逻辑电路。时序逻辑电路的基本结构如图 4.1 所示。

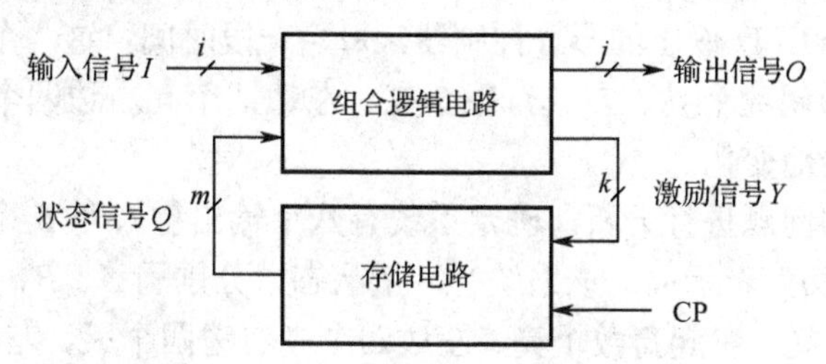

图 4.1　时序逻辑电路的基本结构

图 4.1 中，$I=(I_1,I_2,\cdots,I_i)$ 为时序逻辑电路的输入信号，$O=(O_1,O_2,\cdots,O_j)$ 为时序逻辑电路的输出信号，$Y=(Y_1,Y_2,\cdots,Y_k)$ 是驱动存储电路的激励信号，而 $Q=(Q_1,Q_2,\cdots,Q_m)$ 是存储电路的状态信号，表示时序电路的状态，简称现态。状态变量 Q 被反馈到组合逻辑电路的输入端，与输入信号 I 一起决定时序电路的输出信号 O，并产生对存储电路的激励信号 Y，在有效时钟信号到来时，存储电路进行状态转换，转换后的状态称为次态。上述四组变量之间的关系可以用三个方程表示：

状态方程：$Q^{n+1}=h(Y,Q^n)$　(4.1)

驱动方程：$Y=g(I,Q^n)$　(4.2)

输出方程：$O=f(I,Q^n)$　(4.3)

时序逻辑电路可以用方程组描述，也可以用状态图、状态表和时序图等方法表示。由于时序电路是与状态有关的，也称为状态机。由有限数量的存储单元构成的状态机称为有限状态机（Finite State Machine，FSM）。

本章将研究各种时序逻辑电路的基本功能，相应的集成电路的使用方法及同步时序电路的设计方法。如果系统中所有模块都是在同一个时钟信号操作下工作的，则称之为同步时序电路。如果系统中各个模块不是在同一个时钟信号操作下工作的，则称之为异步时序电路。

同步时序电路的设计步骤为：

（1）从实际问题中进行逻辑抽象，首先确定输入量、输出量以及电路的状态数 M，一般不把时钟信号作为系统的输入量考虑；然后对输入和输出的逻辑状态进行定义，并为电路的每一个状态进行编号，可以先用字符标记；再列出电路的状态转换表或者画出电路的状态转换图。

（2）将等价的状态合并，进行状态化简。

（3）对每一个状态指定一个特定的二进制编码，也就是状态编码。首先，要确定状态编码的位数 n，n 与 M 满足下式：

$$2^{n-1} < M < 2^n \tag{4.4}$$

然后要从2^n个状态中选择M个组合，进行状态编码。编码要考虑电路实现的可靠性以及稳定性。

（4）选定触发器类型，一般选择D触发器或者JK触发器。触发器数目与状态编码的位数n相同。

（5）根据状态转换图或者状态表，用卡诺图或者其他方式对逻辑函数进行化简，求出电路的驱动方程和输出方程。这两个方程决定了同步时序电路的组合电路部分。

（6）列出逻辑图，并检查设计的电路能否自启动。

下面以八路彩灯控制器为例，说明同步时序电路的设计过程。八路彩灯控制器的设计要求为：设计一个有八个LED输出的彩灯控制器，每隔一段时间，这八个彩灯的输出状态依次按照全亮、全灭、左起偶数个亮、左起奇数个亮、左边四个亮右边四个灭、左边四个灭右边四个亮的次序周而复始地变化。

首先，对要设计的问题进行分析，确定系统有八个输出量（即8个彩灯），用“1”表示该输出的彩灯亮，用“0”表示灭；该系统有六个状态，分别用A、B、C、D、E和F表示全亮、全灭、左起偶数个亮、左起奇数个亮、左边四个亮右边四个灭、左边四个灭右边四个亮。原始状态转换图如图4.2所示。

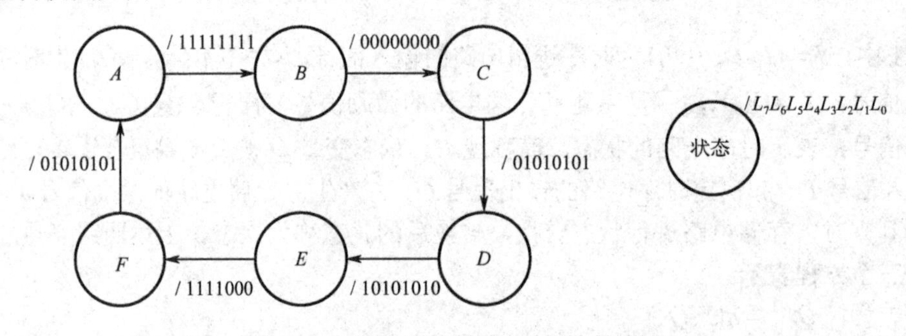

图4.2　八路彩灯控制器原始状态转换图

此电路不需要进行状态化简。由于六个状态需要三位的状态编码，将这六个状态采用基本的二进制编码，状态转换表如表4.1所示。

表4.1　八路彩灯控制器状态转换表

时钟CP的次序	现态			次态			输出							
	Q_2^n	Q_1^n	Q_0^n	Q_2^{n+1}	Q_1^{n+1}	Q_0^{n+1}	L_7	L_6	L_5	L_4	L_3	L_2	L_1	L_0
0	0	0	0	0	0	1	1	1	1	1	1	1	1	1
1	0	0	1	0	1	0	0	0	0	0	0	0	0	0
2	0	1	0	0	1	1	0	1	0	1	0	1	0	1
3	0	1	1	1	0	0	1	0	1	0	1	0	1	0
4	1	0	0	1	0	1	1	1	1	1	0	0	0	0
5	1	0	1	0	0	0	0	0	0	0	1	1	1	1

选择 D 触发器，共需要三个触发器。由表 4.1 绘制出电路的次态卡诺图，如图 4.3 所示。由图 4.3 可以得出各个触发器的次态表达式，即 Q_i^{n+1} 表示成 Q_i^n 和 $\overline{Q}_i^n$ 的组合（i=0,1,2）。由于 D 触发器的状态方程比较简单，增加一项，改写为式（4.5）～式（4.7）。实际上，式（4.5）～式（4.7）左边的等号两边为 D 触发器状态方程，右边等号两边为驱动方程。

$$Q_2^{n+1} = D_2 = Q_1^n Q_0^n + Q_2^n \overline{Q}_0^n \tag{4.5}$$

$$Q_1^{n+1} = D_1 = \overline{Q}_2^n \overline{Q}_1^n Q_0^n + Q_1^n \overline{Q}_0^n \tag{4.6}$$

$$Q_0^{n+1} = D_0 = \overline{Q}_0^n \tag{4.7}$$

同样的道理，可以得到输出方程：

$$L_7 = L_5 = Q_1^n Q_0^n + \overline{Q}_1^n \overline{Q}_0^n \tag{4.8}$$

$$L_6 = L_4 = \overline{Q}_0^n \tag{4.9}$$

$$L_3 = L_1 = Q_1^n Q_0^n + \overline{Q}_2^n \overline{Q}_1^n \overline{Q}_0^n + Q_2^n Q_0^n \tag{4.10}$$

$$L_2 = L_0 = Q_1^n \overline{Q}_0^n + \overline{Q}_2^n \overline{Q}_1^n \overline{Q}_0^n + Q_2^n Q_0^n \tag{4.11}$$

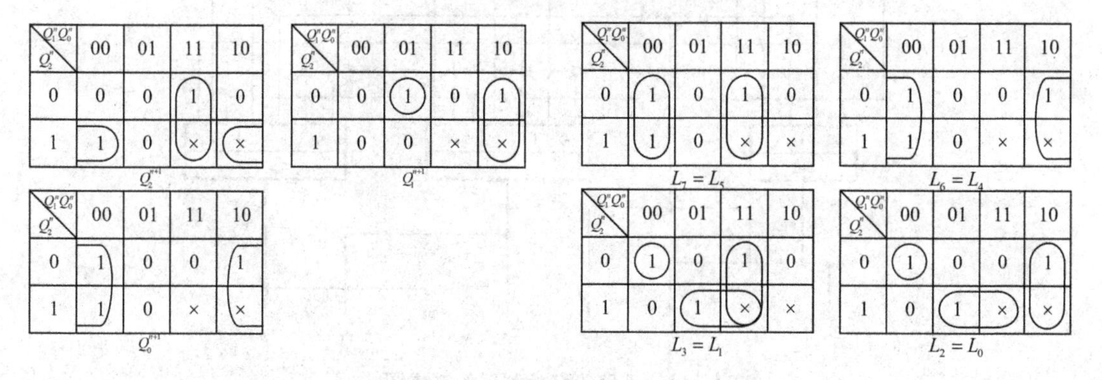

图 4.3　八路彩灯控制器次态和输出的卡诺图

有兴趣的同学可以用 Quartus II 软件进行仿真，验证结果的正确性，时序仿真图如图 4.4 所示，从图中可见设计是正确的。Quartus II 的使用方法参考第 7 章。

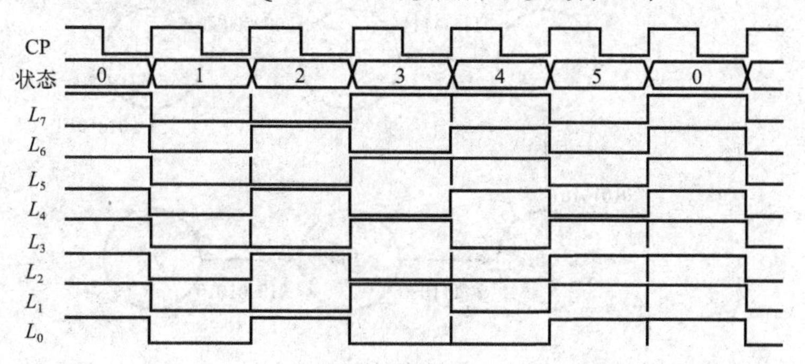

图 4.4　八路彩灯控制器时序仿真图

根据式（4.5）～式（4.11），可以画出系统的逻辑图，如图 4.5 所示。

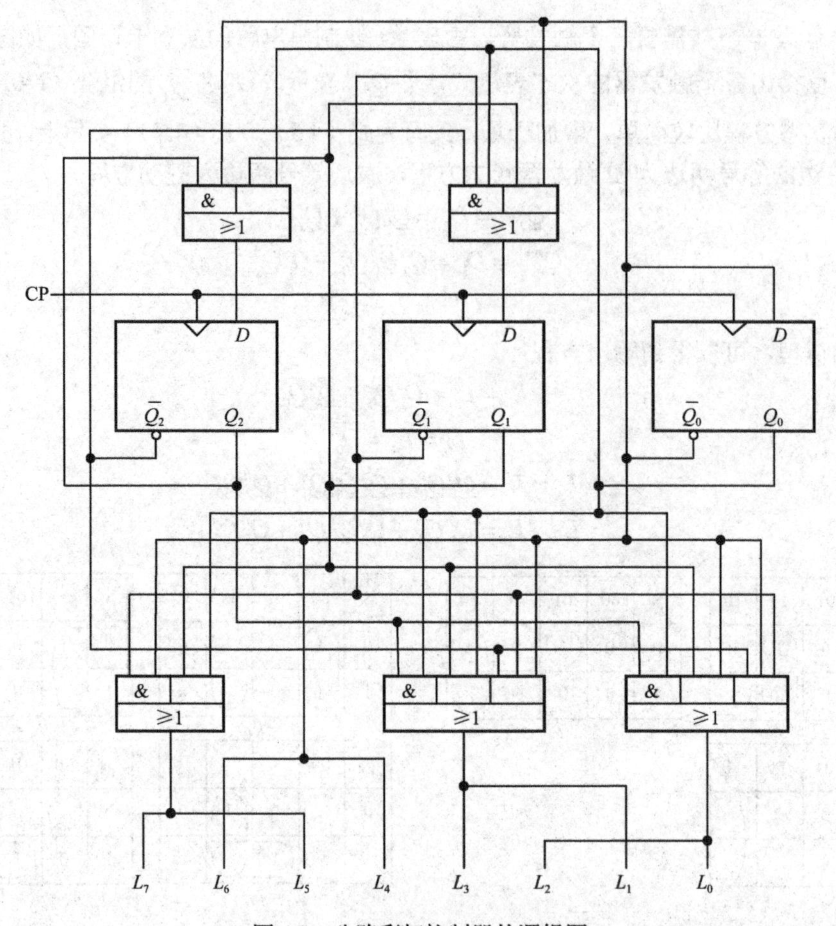

图 4.5　八路彩灯控制器的逻辑图

将系统中的无效状态 110 和 111 代入状态式（4.5）～式（4.7），可以看到经过 1～2 个时钟周期，都会进入到有效状态的循环，可见系统可以自启动。完整的状态转换图如图 4.6 所示。

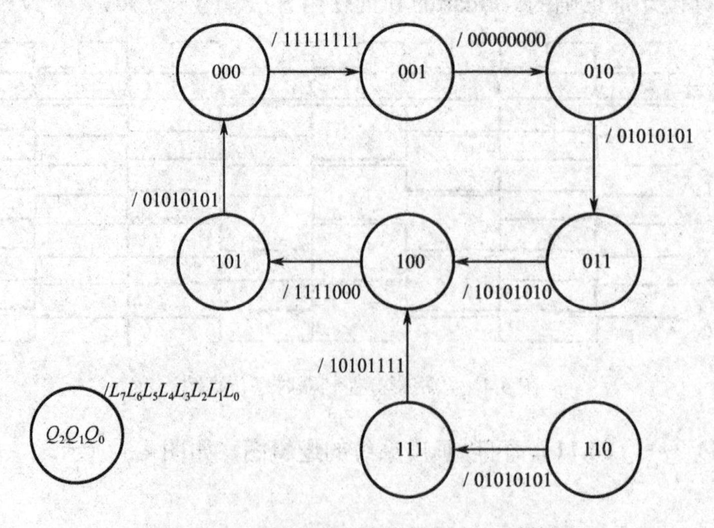

图 4.6　八路彩灯控制器的完整状态转换图

当然，本例也可以采用 *JK* 触发器实现。总之，可以看到系统中需要的器件比较多。由于状态编码时就是连续的二进制编码，也可看成是计数器的计数值，因此可以考虑由计数器完成状态方程和驱动方程的实现，也就是图 4.1 中的存储电路部分。而输出方程也可以考虑由中小规模集成电路完成，具体的电路推导和方案不再赘述，同学们可以自行推导。

4.1　触发器及其应用

一、实验目的

1．了解常用触发器的逻辑功能和动作特点。

2．掌握集成触发器的使用方法和逻辑功能的测试方法。

3．熟悉触发器之间相互转换的方法。

二、实验原理

触发器是一种具有记忆功能的二进制信息存储器件，它是构成各种时序电路的最基本逻辑单元。触发器有两个稳定状态，可以分别表示逻辑状态“0”和“1”。在一定的外界信号作用下，可以进行状态的转换，从一种稳定状态转变为另一种稳定状态。一般把对脉冲电平敏感的存储单元电路称为锁存器，而把对脉冲边沿敏感的存储电路称为触发器。

根据逻辑功能不同，触发器可以分为 *RS* 触发器、*D* 触发器、*JK* 触发器、*T* 触发器和 *T'* 触发器等类型；根据电路结构不同可以分为主从触发器、维持阻塞触发器和利用传输延迟的触发器等。同一种逻辑功能的触发器可以用不同的电路结构实现；反之，用同一种电路结构形式可以做成不同逻辑功能的触发器。

描述触发器逻辑功能的方法包括特性表、特征方程、状态图、驱动表（激励表）和波形图（时序图）等。

基本 *RS* 锁存器可以由两个与非门交叉耦合组成（见图 4.7），也可以由两个或非门构成。基本 *RS* 锁存器是构成各种触发器的基本结构。

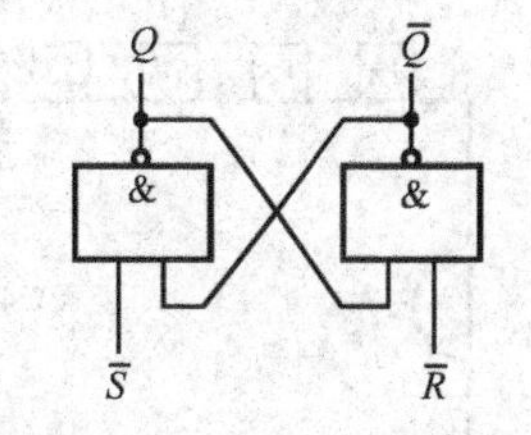

图 4.7　由与非门组成的基本 *RS* 锁存器

基本 *RS* 锁存器的特征方程为

$$Q^{n+1} = S + \bar{R}Q^n \quad 且 \quad SR = 0 \tag{4.12}$$

基本 *RS* 锁存器器没有时钟控制，具有置“0”（复位）、置“1”（置位）和“保持”三种功能。输入信号直接加在输出门上，因此在全部作用时间里都能直接改变输出端。

同步 *RS* 锁存器带时钟 CP 端，在 CP=1 的全部时间内 *S* 和 *R* 的变化都能引起锁存器输出的变化，输出状态不是严格地按照时钟节拍变化，会发生“空翻”现象。

带输出控制端的锁存器包括 8*D* 锁存器 74373、74573，4*D* 锁存器 CC4042 等。当 74373 和 74537 输出无效时为高阻状态。

D 触发器是使用最为方便的一种触发器，只有一个输入信号 *D*，特征方程为

$$Q^{n+1} = D \tag{4.13}$$

D 触发器大多采用维持阻塞型触发，且上升沿触发较多。常见的有双 *D* 触发器 7474、6*D* 触发器 74174 和双 *D* 触发器 CC4013 等。

CC4013 有置位端 S 和复位端 R，其状态方程应在式（4.13）基础上考虑置位端和复位端的约束。只有满足约束条件 $R=S=0$ 时，触发器 CC4013 才能完成式（4.13）的相应逻辑功能，使用时应予以注意。

CC4013 的引脚排列图如图 4.8 所示，特性表如表 4.2 所示。

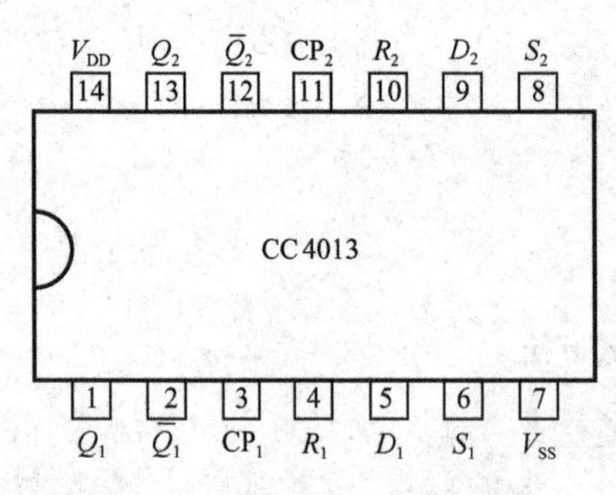

图 4.8　CC4013 引脚排列图

表 4.2　CC4013 特性表

CP	D	R	S	Q	$\bar{Q}$
↑	0	0	0	0	1
↑	1	0	0	1	0
↓	×	0	0	Q	$\bar{Q}$
×	×	1	0	0	1
×	×	0	1	1	0
×	×	1	1	1	1

注：↑表示上升沿，↓表示下降沿，×表示任意态

JK 触发器是功能完善和通用性较强的一种触发器，含有两个输入信号，分别记为 J 和 K，其状态方程为

$$Q^{n+1}=J\bar{Q}^n+\bar{K}Q^n \tag{4.14}$$

JK 触发器有维持阻塞型（以下降沿触发的较多）和主从型触发器，常见的有双 JK 触发器 74112，双 JK 触发器 74114，双 JK 触发器 CC4027 等。

CC4027 有置位端 S 和复位端 R，其引脚排列图如图 4.9 所示，特性表如表 4.3 所示。由表 4.3 可见，其特征方程应在式（4.14）基础上考虑置位端和复位端的约束。只有满足约束条件 $R=S=0$ 时，触发器 CC4027 才能完成式（4.14）的相应逻辑功能，使用时应予以注意。

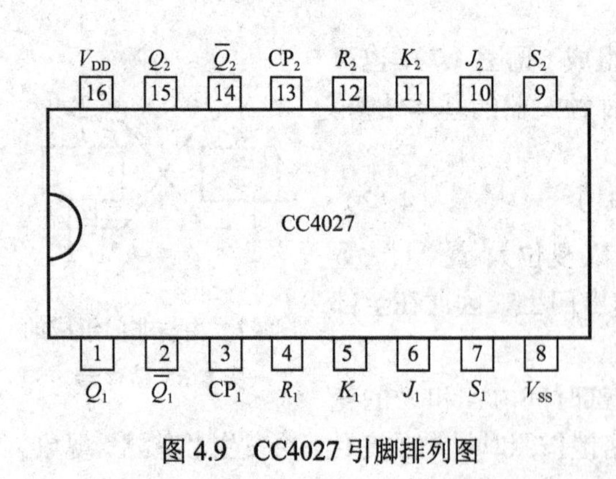

图 4.9　CC4027 引脚排列图

表 4.3　CC4027 特性表

CP	J	K	S	R	Q^n	Q^{n+1}	$\bar{Q}^{n+1}$
↑	1	×	0	0	0	1	0
↑	×	0	0	0	1	1	0
↑	0	×	0	0	0	0	1
↑	×	1	0	0	1	0	1
↓	×	×	0	0	×	Q^n	$\bar{Q}^n$
×	×	×	1	0	×	1	0
×	×	×	0	1	×	0	1
×	×	×	1	1	×	1	1

注：↑表示上升沿，↓表示下降沿，×表示任意态

每一种触发器都有各自的逻辑功能，有需要时可以用转换的方式获得其他类型的触发器。

选择触发器时，除了要根据功能和工艺选择之外，还要考察数据手册中的各种参数，进行合理的选择。触发器的静态特性参数包括输出低电平电压、输出高电平电压、输出高电平电流、输出低电平电流等。动态特性参数包括最高时钟频率、建立时间、保持时间、传输延

迟时间、触发脉冲宽度等。

除此之外，一般在一个电路中尽量选用相同触发边沿的触发器，当然也可以根据情况选用不同边沿的触发器。特别地，对于 TTL 电路，由于输出低电平时的驱动能力更强，所以选择下降沿触发的较好。

三、实验内容

1. 将 *D* 触发器转换为 *JK* 触发器，测试新构成的 *JK* 触发器性能，对比 *JK* 触发器的功能表考察设计的正确性。在时序电路中，应注意现态数据可以有不同的取值，防止实验中片面取值对结论的影响。另外，要仔细观察触发器状态的变化与时钟信号的关系。

（1）测试 *D* 触发器的逻辑功能。

（2）由 *D* 触发器转换为 *JK* 触发器，测试 *JK* 触发器的功能。

（3）将 *JK* 触发器的 *J* 和 *K* 连在一起，构成 *T* 触发器。

① 在 CP 端输入 1Hz 的连续脉冲，观察输出端的变化。

② 在 CP 端输入 1kHz 的连续脉冲，用示波器观察 CP 和 *Q* 的波形，并做记录。

2. 设计一个双相时钟脉冲电路，用 *D* 触发器或者 *JK* 触发器与一些门电路实现。要求实现把时钟 CP 转换为两路频率相同、相位不同的输出 CP_1 和 CP_2，三者的关系如图 4.10 所示。要求自行设计电路，并用示波器验证结果。

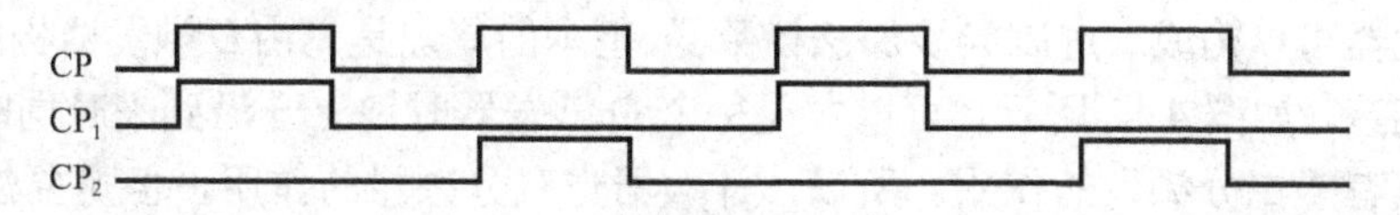

图 4.10　双相时钟脉冲电路时序图

3. 用 4 个 *D* 触发器构成 4 位二进制异步加法计数器，观察计数效果，用示波器测量其中一个 *D* 触发器的输入输出特性。

四、思考题

1. 由门电路构成的电路就一定是组合逻辑电路吗？没有时钟信号的电路一定是组合逻辑电路吗？试举例说明。

2. 在做触发器实验时，普通的机械开关用作时钟信号和一般的数据输入端信号需要注意什么问题？怎样解决？

3. 选择触发器时应考虑哪些因素？对于 CC4013 和 CC4027，置位端和复位端在不起作用时应如何处理？

4. 图 4.11 是 8051 单片机的 P1 端口其中一位的内部结构图，P1 端口是个双向数据端口，试分析端口的读写过程。

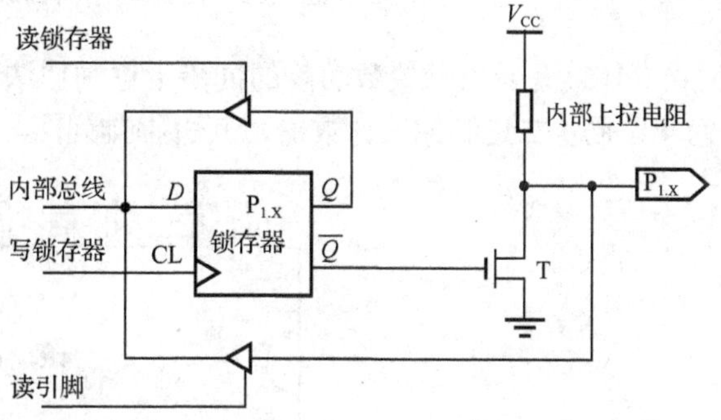

图 4.11　P1 端口结构图

4.2 计数器及其应用

一、实验目的

1. 了解用集成触发器构成计数器的方法。
2. 掌握集成计数器的逻辑功能及使用方法。
3. 掌握用集成计数器构成 N 进制计数器的不同方法。

二、实验原理

计数器是实现计数功能的时序逻辑电路，也是数字系统中常用的部件之一，不仅可以用来计脉冲数，还可以用来实现数字系统的定时、分频等逻辑功能。

按照构成计数器的各个触发器是否使用同一个时钟脉冲来划分，有同步计数器和异步计数器。按照计数制的不同，可分为二进制计数器，十进制计数器等。根据计数的变化，可分为加法计数器，减法计数器和可逆计数器。目前常用的集成计时器有十进制同步加法计数器74160、4位二进制加法计数器74161、十进制同步可逆计数器74190、4位二进制同步可逆计数器74191、二-五-十进制异步加法计数器74290、可异步置数的二-十进制可逆计数器CC4029等。

用 D 触发器可以构成二进制异步加法计数器，基本的原理是先由 D 触发器构成 T' 触发器，再做相应的连接。如图4.12所示，可以发现每个 D 触发器时钟上升沿到来时同时“翻转”一次，实际上具有“二分频”的作用。所以，计数器也有分频器的作用，但是要注意具体问题具体分析，不是每一个计数器的输出都是二分频的。

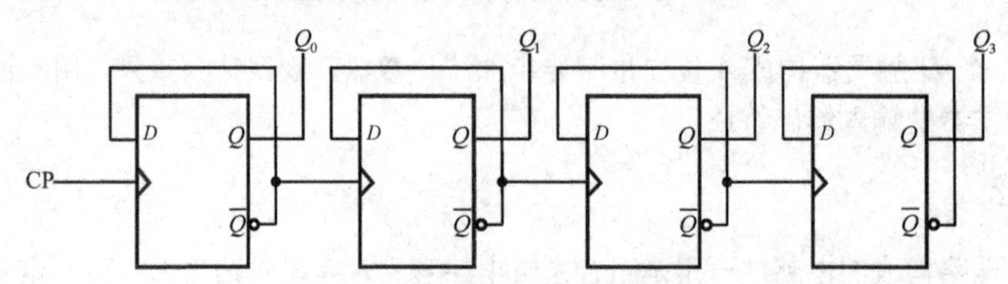

图4.12 由 D 触发器构成的二进制加法计数器

74160是具有预置数功能的同步十进制加法计数器，其引脚排列图如图4.13所示。74161为4位同步二进制加法计数器，其引脚排列图与74160相同。

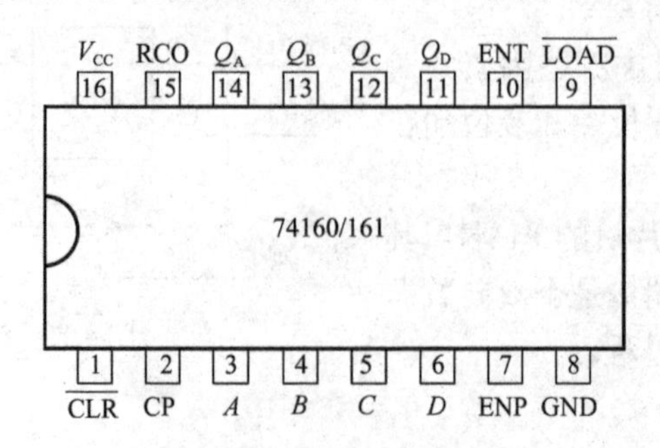

图4.13 74160/161引脚排列图

74160 和 74161 的功能表如表 4.4 所示，CP 是时钟脉冲输入端，上升沿有效。$\overline{CLR}$ 是异步清零端，当 $\overline{CLR}$ =0 时，无论其他输入端为何种状态，计数器总是为“零”，说 $\overline{CLR}$ 是异步的是因为它的作用与否与时钟端 CP 无关。$\overline{LOAD}$ 是同步并行置数端，低电平有效，当 $\overline{LOAD}$ =0 时，在时钟上升沿时将 $DCBA$ 的值相应地赋给输出端 $Q_D\ Q_C\ Q_B\ Q_A$，说 $\overline{LOAD}$ 是同步的是因为它的作用只能在时钟端为上升沿时有效。ENP 和 ENT 是计数使能端，当两者同时为高电平时计数器计数，而任意一个为低电平时，计数器保持原值。

表 4.4　74160 和 74161 的功能表

输入									输出			
CP	$\overline{CLR}$	ENP	ENT	$\overline{LOAD}$	D	C	B	A	Q_D	Q_C	Q_B	Q_A
×	0	×	×	×	×	×	×	×	0	0	0	0
↑	1	×	×	0	d_3	d_2	d_1	d_0	d_3	d_2	d_1	d_0
↑	1	1	1	1	×	×	×	×	计数			
×	1	0	×	1	×	×	×	×	保持			
×	1	×	0	1	×	×	×	×	保持			

注：↑表示上升沿，↓表示下降沿，×表示任意态

RCO 为计数进位输出端，在计数器输出 1001 时且 ENT＝1时为 1，其余情况输出为 0。

74162 是具有同步清零功能的十进制加法计数器，而 74163 是具有同步清零功能的 4 位二进制加法计数器，它们的引脚排列和图 4.13 相同。

可逆计数器既可以作为加法计数器使用，也可以作为减法计数器使用。74190 和 74191 都是单时钟 4 位同步可逆计数器，其中 74190 是十进制计数器，74191 是十六进制计数器，两者的引脚排列相同，如图 4.14 所示。

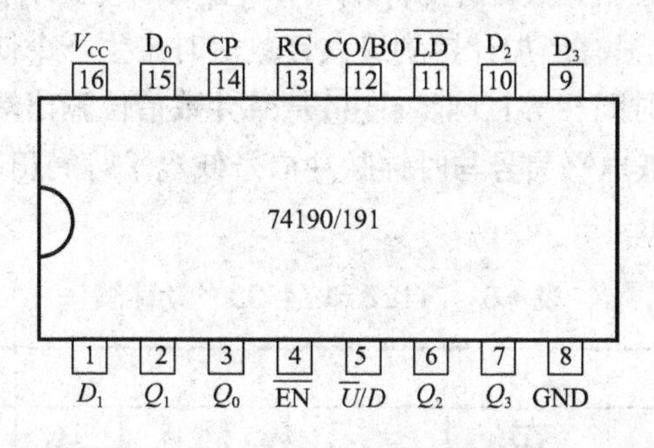

图 4.14　74190/191 引脚排列图

74190 和 74191 没有清零端，$\overline{LD}$ 是异步置数端；$\overline{EN}$ 是计数使能端，低电平有效，当 $\overline{EN}$ =0 时允许计数，否则处于保持状态；$\overline{U}/D$ 是加/减计数控制端，当 $\overline{U}/D=0$ 时加计数，否则减计数。当加计数到达最大值或者减计数到达最小值时，进位/借位输出端 CO/BO 输出一个同步的正脉冲，宽度为一个时钟周期；同时，溢出负脉冲输出端 $\overline{RC}$ 输出一个与时钟脉冲信号低电平时间相等且同步的负脉冲。74190 和 74191 的功能如表 4.5 所示。

表 4.5　74190 和 74191 的功能表

输入								输出			
CP	$\overline{LD}$	$\overline{EN}$	$\overline{U}/D$	D_3	D_2	D_1	D_0	Q_3	Q_2	Q_1	Q_0
×	0	×	×	d_3	d_2	d_1	d_0	d_3	d_2	d_1	d_0
↑	1	1	×	×	×	×	×	保持			
↑	1	0	0	×	×	×	×	加计数			
↑	1	0	1	×	×	×	×	减计数			

注：↑表示上升沿，↓表示下降沿，×表示任意态

74192 是双时钟十进制同步可逆计数器，74193 是双时钟 4 位二进制可逆计数器，两者的引脚相同，如图 4.15 所示。

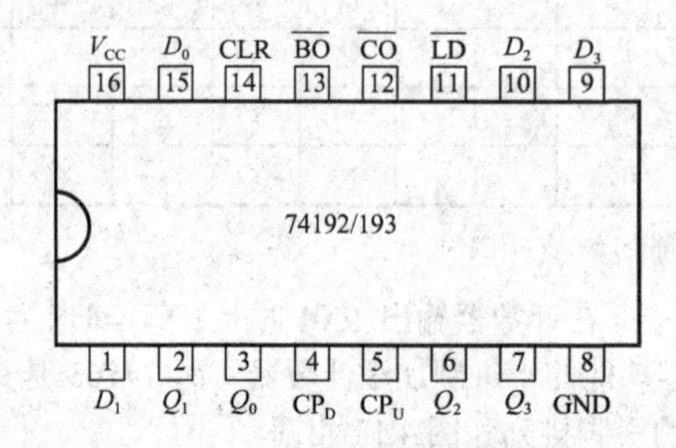

图 4.15　74192/193 引脚排列图

图 4.15 中，CLR 是异步清零端，高电平有效；$\overline{LD}$ 是异步置数端，低电平有效；$D_3D_2D_1D_0$ 是并行数据输入端；CP_U 是加计数时钟脉冲端，CP_D 是减计数时钟脉冲端，都是上升沿有效；$\overline{CO}$ 是加计数进位输出端，只有当加计数到最大计数值时产生一个低电平信号，这个低电平信号与时钟脉冲信号低电平时间相等且同步；$\overline{BO}$ 是减计数借位输出端，只有当减计数到 0 时产生一个低电平信号，这个低电平信号与时钟脉冲信号低电平时间相等且同步。74192 和 74193 具体的功能表如表 4.6 所示。

表 4.6　74192 和 74193 的功能表

输入								输出			
CP_U	CP_D	CLR	$\overline{LD}$	D_3	D_2	D_1	D_0	Q_3	Q_2	Q_1	Q_0
×	×	1	×	×	×	×	×	0	0	0	0
×	×	0	0	d_3	d_2	d_1	d_0	d_3	d_2	d_1	d_0
↑	1	0	1	×	×	×	×	加计数			
1	↑	0	1	×	×	×	×	减计数			
1	1	0	1	×	×	×	×	保持			

注：↑表示上升沿，↓表示下降沿，×表示任意态

上述几种集成计数器是比较典型的计数器，虽然功能和使用方法有所不同，但涉及的基

本概念是相同的。对于一个模数为 N 的特定计数器来说，通过对相应引脚的控制，总可以得到模数小于 N 的计数器。一般采用清零法或置数法，去除掉不要的计数状态。

而要得到模数大于 N 的计数器就要使用级联的方法，对于任意进制计数器的设计有以下三个问题需要考虑。

首先，要考虑多个计数器之间属于同步的还是异步的关系？对于前者各个计数器采用同一个时钟脉冲输入，但大多数情况下各个计数器不可能在同一个时钟边沿同时翻转，总有一些计数器会处于保持状态，相应的控制需要由控制引脚和另外的组合逻辑电路来完成。而对于异步计数器来说，各个计数器的时钟信号不是同一个脉冲，就要考虑如何获得这些时钟信号，一般采用计数器的进位或者借位信号，并采用一些组合逻辑电路来完成。

其次，当一个计数周期完成时如何重新计数，这也涉及同步和异步的概念。而此时的同步或者异步是对计数器来说，控制引脚与时钟的关系。对于采用异步控制引脚进行操作的，总会出现一个暂态。虽然该暂态存在的时间很短暂，大约相当于相应计数器外部产生反馈的门电路的传输延迟时间以及计数器内部异步操作的延迟时间之和，但当系统的时钟频率很高时，这个暂态存在的时间要加以考虑，不能忽略不计。

最后，当产生的计数器完成之后，应该检查系统的自启动情况，也就是说那些无效的状态如何处理。

计数器是数字系统中的常见组成部分。除了计数功能之外，也有分频器的作用。当把计数器的计数时钟取一个标准时间单位，计数器可以看作为一个定时器。当把一个周期性方波信号当作计数器的计数时钟时，在单位时间内得到的计数值就是该信号的频率，这是简单的频率计的基本原理。

三、实验内容

1．采用集成计数器设计一个模 12 的加法计数器。

（1）在 CP 端输入 1Hz 的连续脉冲，用数码管观察计数的情况，并做记录。

（2）在 CP 端输入 1kHz 的连续脉冲，用示波器观察 CP 和计数器的最高位和最低位的输出波形，并做讨论。

2．设计一个体育比赛用的 24s 倒计时器。所要完成的功能为：

（1）定时的时间为 24s，倒计时计数，每隔 1s 计时器减 1；

（2）计时时间以数码管的形式显示；

（3）设计一个复位开关，当系统开始运行或者在中途需要时可以完成复位操作。

（4）当计时到 0 时进行相应的提示，可以用发光二极管完成。当复位时该功能也要复位。

做实验时，要求完成下列任务：

（1）在 CP 端输入 1Hz 的连续脉冲，用数码管观察计数的情况，并检查复位端的作用，并做记录。

（2）把 CP 端的时钟频率调整为 1kHz，用示波器观察 CP 和计数器最高位输出的波形，并做记录。

3．设计一个八路彩灯控制器，系统有八个 LED 输出，每隔 1s，这八个彩灯的输出状态依次按照全亮、全灭、左起偶数个亮、左起奇数个亮、左边四个亮右边四个灭、左边四个灭右边四个亮的次序周而复始的变化。

（1）用异步清零法或者同步置数法设计一个模 6 计数器，分别用示波器测量三个输出端与时钟的相对波形，总结它们之间的关系。

（2）用（1）设计的计数器完成八路彩灯控制器的状态方程和驱动方程，用中小规模集成电路完成输出方程的设计。用 LED 验证结果。

（3）自己设计一个显示图案，并完成设计和实验。

八路彩灯控制器电路的 AR 实验，请用手机扫描 APP 二维码、安装 APP，再扫描图 4.16 观察实验现象。

Android

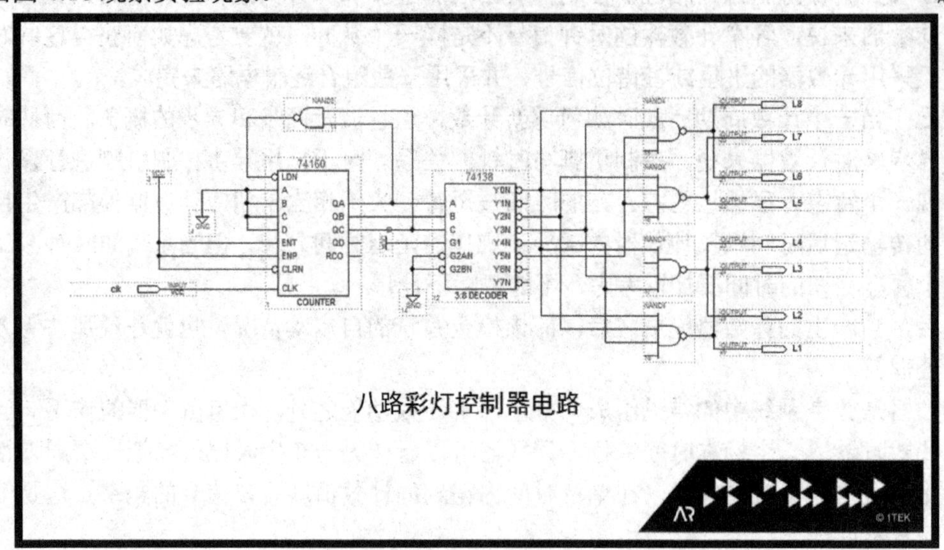

图 4.16　八路彩灯控制器电路的 AR 实验图

四、思考题

1．设计任意进制计数器时，采用同步预置法和异步复位法有什么区别？

2．分析计数器在计数时各个输出引脚与时钟脉冲端的关系，并考虑不同模数时的情况。

4.3　移位寄存器及其应用

一、实验目的

1．了解用集成触发器构成移位寄存器的方法。

2．掌握集成移位寄存器 74194 的逻辑功能及使用方法。

3．掌握用集成移位寄存器构成移位计数器的方法。

二、实验原理

寄存器用于暂时存放二进制数据，通常由多位触发器构成，每一个触发器只能寄存一位二进制数据。寄存器输入数据的方式有串行输入和并行输入两种，输出数据的方式也有串行输出和并行输出两种。

在数字系统中能寄存二进制信息，并进行移位的逻辑部件称为移位寄存器。移位寄存器存储信息的方式有：串入串出、串入并出、并入串出、并入并出四种形式；串行按移位方向有左移、右移两种。

用 N 个集成 D 触发器可以构成一个 N 位移位寄存器，原理就是将 N 个 D 触发器接成同步时序电路，用第一个 D 触发器的输出端接第二个 D 触发器的输入端，第二个 D 触发器的输出端接第三个 D 触发器的输入端，以此类推，根据 D 触发器的特征方程，当时钟出现上升沿的时候，所有触发器的输出产生右移的效果（见图 4.17）。类似的方法可以做出左移的效果。把右移和左移一起考虑，可以做出双向移动的效果。

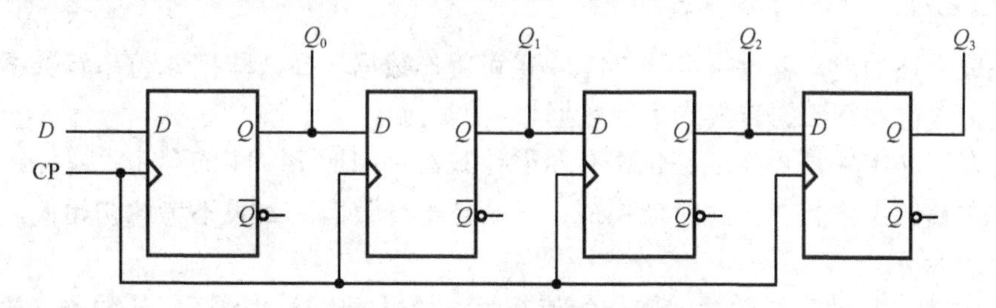

图 4.17　由 D 触发器构成的右移移位寄存器

74194 是四位双向通用移位寄存器，其引脚排列图如图 4.18 所示。

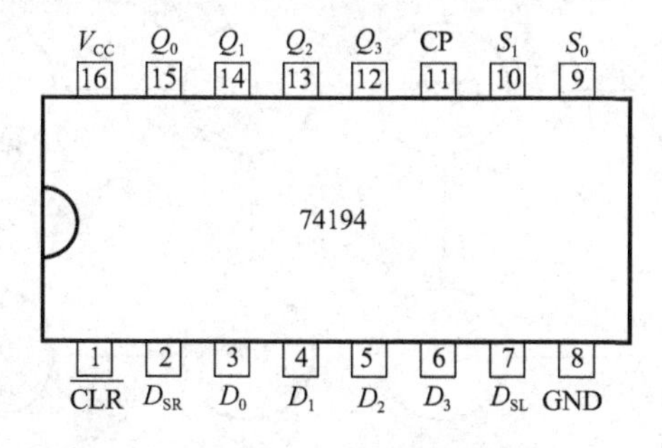

图 4.18　74194 引脚排列图

图中，$\overline{CLR}$ 为异步清零端，低电平有效；S_1 和 S_0 是移位模式控制端，可以设定 74194 的 4 种工作状态；$Q_3Q_2Q_1Q_0$ 为并行输出端；$D_3D_2D_1D_0$ 为并行输入端；D_{SR} 为右移串行数据输入端；D_{SL} 为左移串行数据输入端。

74194 的功能表如表 4.7 所示。74194 可以完成数据保持、数据左移、数据右移，以及并行置数等基本功能。

表 4.7　74194 的功能表

输入										输出			
CP	CLR	S_1	S_0	D_{SR}	D_0	D_1	D_2	D_3	D_{SL}	Q_0^{n+1}	Q_1^{n+1}	Q_2^{n+1}	Q_3^{n+1}
×	0	×	×	×	×	×	×	×	×	0	0	0	0
0	1	×	×	×	×	×	×	×	×	Q_3^n	Q_2^n	Q_1^n	Q_0^n
↑	1	1	1	×	d_0	d_1	d_2	d_3	×	d_0	d_1	d_2	d_3
↑	1	0	1	1	×	×	×	×	×	1	Q_0^n	Q_1^n	Q_2^n

续表

输入										输出			
CP	CLR	S_1	S_0	D_{SR}	D_0	D_1	D_2	D_3	D_{SL}	Q_0^{n+1}	Q_1^{n+1}	Q_2^{n+1}	Q_3^{n+1}
↑	1	0	1	0	×	×	×	×	×	0	Q_0^n	Q_1^n	Q_2^n
↑	1	1	0	×	×	×	×	×	1	Q_1^n	Q_2^n	Q_3^n	1
↑	1	1	0	×	×	×	×	×	0	Q_1^n	Q_2^n	Q_3^n	0
×	1	0	0	×	×	×	×	×	×	Q_0^n	Q_1^n	Q_2^n	Q_3^n

注：↑表示上升沿，↓表示下降沿，×表示任意态

除了完成上述功能，移位寄存器 74194 也可用作数据转换，即把 4 位串行数据转换为并行数据，或把 4 位并行数据转换为串行数据。

移位寄存器 74194 还可构成移位寄存器型计数器。如把 74194 的 Q_3 接到 D_{SL}，且移位寄存器工作在左移的工作状态，此时就构成了一个环形计数器。如果不考虑初始值，系统的状态图如图 4.19 所示。

在图 4.19 中，显然系统的功能和初始值有关。如果要做模 4 的环形计数器，初始值也有 12 种取值的可能。要完成系统正常运行，可以采用设定初值或者将电路改为能够自启动的情况。

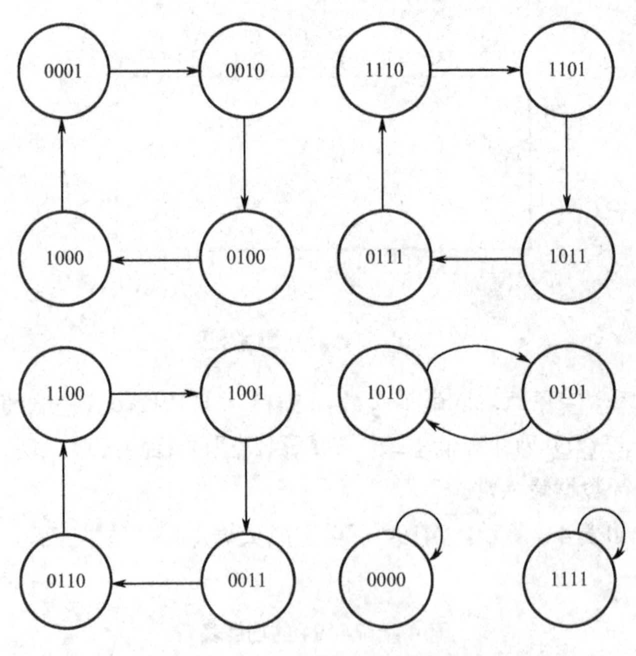

图 4.19　环形计数器的状态图

三、实验内容

1. 采用集成移位寄存器 74194 设计一个模 4 的环形计数器，要求系统能够自启动。

（1）在 CP 端输入 1Hz 的连续脉冲，用发光二极管观察计数的情况，并做记录。

（2）在 CP 端输入 1kHz 的连续脉冲，分别用示波器观察 CP 和计数器每一位输出的波形，

并做记录。

2．用集成移位寄存器 74194 设计一个 4 位的串并转换电路。

（1）输出有使能端控制，使能端高电平时允许并行数据输出。

（2）要求设计一个脉冲序列发生器，能周期性输出“0111”。

（3）每次转换完毕应该有转换结束标志输出。

（4）增加设计一个电路，使得串并转换电路满足任意输入的情况。

3．用集成移位寄存器 74194 设计一个 7 位的并串转换的电路，要求能把 7 位并行数据转换为串行数据输出，且设计有转换启动信号和结束信号。

（1）用 7 个开关当作 7 位并行数据的输入。

（2）将（1）的并行数据接到 74194 的并行数据输入端，要求用一个发光二极管观察转换后的串行数据，记录结果，绘制时序图。

四、思考题

1．什么叫串行数据？什么叫并行数据？请查阅相关资料后回答。

2．在计算机中，算术逻辑单元（ALU）的基本组成是加法器，当要进行乘除法时，一般会通过移位和加法完成，尝试做相关分析。

3．如果一个序列，一方面它有某种随机序列的随机特性（即统计特性），另一方面它是可以预先确定的，并且是可以重复地生产和复制的，则称这种序列为伪随机序列。产生伪随机序列的一种方法是给移位寄存器加适当的反馈实现，请查阅相关资料完成分析。

4.4 集成定时器及其应用

一、实验目的

1．掌握 555 定时器的功能和 NE555 的使用方法。

2．掌握使用 NE555 产生多谐振荡器的方法。

3．了解其他常见振荡器的设计方法。

二、实验原理

555 定时器是一种模数混合的中规模集成电路，由于内部含有三个 5kΩ 的电阻，故取名 555 电路。集成定时器的常见型号有 NE555、C7555 等。其电路类型有 TTL 和 CMOS 型两大类，二者的结构和工作原理类似。双极型的电源电压范围为5V～15V，最大负载电流为200mA，CMOS 型的电源电压为 3～18V，最大负载电流在 4mA 以下。

NE555 的内部框图如图 4.20 所示，其中 8 脚为电压端，1 脚为接地端，3 脚为输出端，4 脚为异步清零端，6 脚为高电平触发端，2 脚为低电平触发端，低电平有效，5 脚为电压控制端，7 脚为放电端。

NE555 的引脚图如图 4.21 所示。

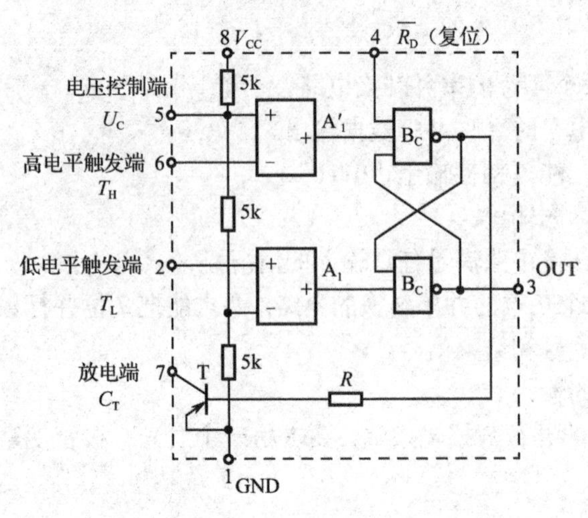

图 4.20　555 定时器的内部框图

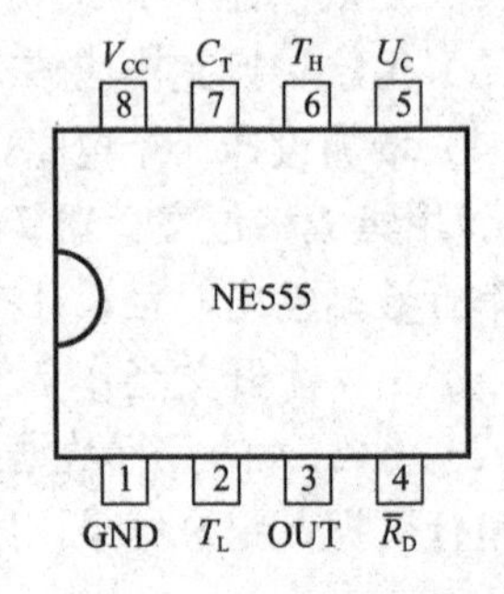

图 4.21　NE555 引脚图

NE555 的功能表如表 4.8 所示。

表 4.8　NE555 的功能表

输入			输出	
$\overline{R_D}$	T_H	T_L	放电管 T	OUT
0	×	×	导通	0
1	$>\frac{2}{3}V_{CC}$	$>\frac{1}{3}V_{CC}$	导通	0
1	$<\frac{2}{3}V_{CC}$	$>\frac{1}{3}V_{CC}$	不变	不变
1	$<\frac{2}{3}V_{CC}$	$<\frac{1}{3}V_{CC}$	截止	1

只要外接适当的电阻、电容等元件，555 电路就可以方便地构成单稳态触发器、多谐振荡器和施密特触发器等脉冲产生或波形变换电路。

施密特触发器有两个稳定状态，又称双稳态触发器。当输入信号从低电平上升的过程中，电路状态转换时对应的输入电平与信号从高电平下降过程中对应的输入电平不同。在电路状态转换时，通过电路内部的正反馈过程使得输出电压波形的边沿变得很陡。施密特触发器多用于进行波形变换、脉冲整形、脉冲鉴幅以及构成多谐振荡器等。

将 555 的高电平触发端和低电平触发端连接在一起，作为信号输入端，就可以构成施密特触发器，其电路简化图如图 4.22 所示。该施密特触发器的正、负向阈值电压分别为$\frac{2}{3}V_{CC}$和$\frac{1}{3}V_{CC}$。

单稳态触发器有稳态和暂稳态两个不同的工作状态。在外界触发脉冲作用下，能从稳态翻转到暂稳态，在暂稳态维持一段时间之后，再自动返回稳态。暂稳态维持时间的长短取决于电路本身的参数，与触发脉冲的宽度和幅度无关。单稳态触发器主要用于脉冲整形、延时以及定时等。

图 4.23 是由 555 构成的单稳态触发器。在外来脉冲作用下，单稳态触发器能够输出一定

幅度与宽度的脉冲，输出脉冲的宽度就是暂稳态的持续时间 t_w 。

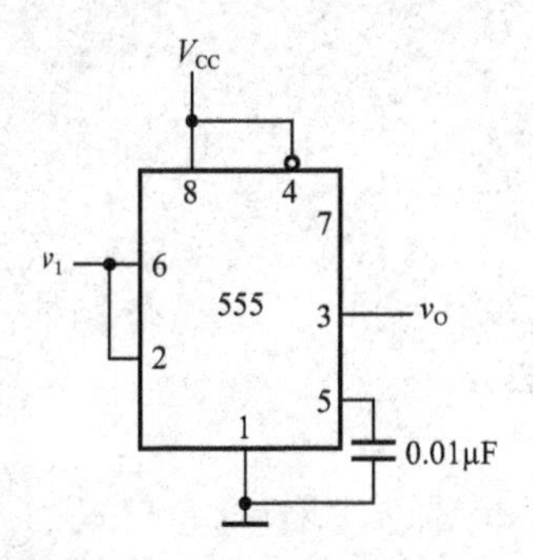

图 4.22　由 555 构成的施密特触发器

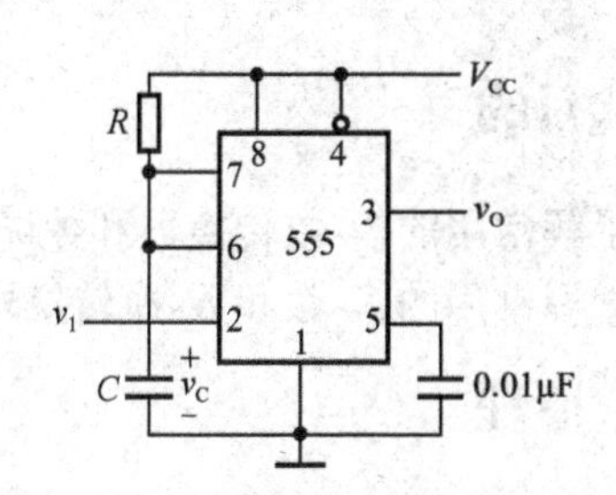

图 4.23　由 555 构成的单稳态触发器

图 4.23 中，单稳态的持续时间为

$$t_w = RC\ln 3 \approx 1.1RC \tag{4.15}$$

多谐振荡器是一种矩形脉冲发生器。多谐振荡器没有稳定状态，而且无须用外来触发脉冲触发，接通电源后就能产生一定频率和一定幅值的矩形脉冲，也就是可以自激振荡。多谐振荡器一般由开关器件和反馈延时环节组成。开关器件可以是逻辑门、电压比较器、定时器等，反馈延时环节一般为 RC 电路。图 4.24 是由 555 构成的多谐振荡器。

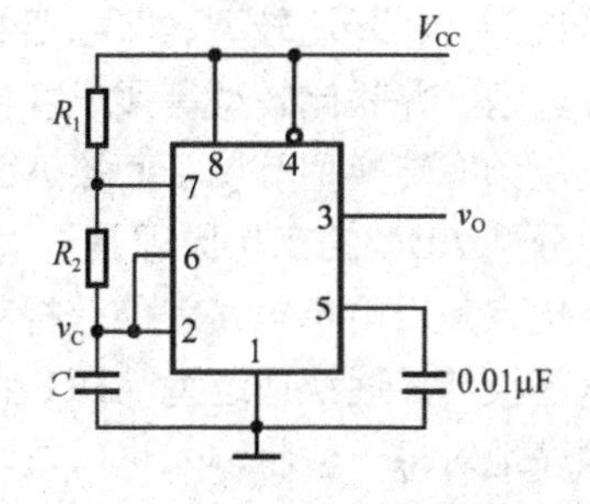

图 4.24　由 555 构成的多谐振荡器

图 4.24 中，多谐振荡器的振荡频率为

$$f \approx \frac{1.45}{(R_1 + 2R_2)C} \tag{4.16}$$

对于频率的准确度要求不高的场合，可以由与非门外接电阻和电容构成简单的振荡电路。对振荡频率稳定性要求比较严格时，可以使用石英晶体振荡器完成。

三、实验内容

1．用 NE555 设计一个占空比为 50%的多谐振荡器，振荡频率为 1kHz，用示波器观察波形，记录各项数据。

2．用 NE555 设计出一个施密特触发器，要求处理一个连续信号，用示波器观察波形，并记录结果。要求连续信号由方波振荡器通过一个低通滤波器构成，自行设计电路。

3．由 NE555 设计一个频率和占空比都可以调整的多谐振荡器。

4．用 NE555 设计一个电路，使得在一个按键的控制下可以产生一个 1s 宽的脉冲。

四、思考题

1．施密特触发器、单稳态触发器和多谐振荡器有什么区别？

2．用 NE555 电路设计一个简易门铃装置，可以产生“叮咚”的效果，自行设计电路。

4.5 模数和数模转换器及其应用

一、实验目的

1．了解常用的模-数转换器和数-模转换器的分类方法。

2．掌握常用的模-数和数-模转换器的功能及使用方法。

二、实验原理

在数字电路中往往需要把模拟量转换成数字量，完成相应功能的器件就是模数转换器（ADC），而把数字量转换成模拟量的器件就是数模转换器（DAC）。

模拟信号转换为数字信号，一般分为四个步骤进行，即采样、保持、量化和编码。前两个步骤在采样-保持电路中完成，后两个两步骤在 ADC 中完成。常用的 ADC 有积分型、逐次逼近型、并联比较型、Σ-Δ调制型、电容阵列逐次比较型以及电压频率变换型等。其中逐次逼近型、并联比较型等属于直接 ADC，也就是把模拟信号直接转换成数字信号，而积分型、电压频率转换型等属于间接 ADC，也就是先把模拟量转换成中间量，然后再转换成数字量。积分型 ADC 的工作原理是将输入电压转换成时间或频率，然后由定时器/计数器获得数字值，其优点是用简单电路就能获得高分辨率，但缺点是由于转换精度依赖于积分时间，因此转换速率极低。逐次逼近型 ADC 由一个比较器和 DAC 通过逐次比较逻辑构成，从 MSB 开始，顺序地对每一位将输入电压与内置 DAC 输出进行比较，经 n 次比较而输出数字值，其电路规模属于中等，其优点是速度较高、功耗低。并联比较型采用多个比较器，仅做一次比较而实现转换，电路规模大，价格也高，只适用于视频 ADC 等速度特别高的领域。

ADC 的主要技术指标包括分辨率（Resolution）、转换时间（Conversion Time）、量化误差、供电电压以及是否能单电源供电等。分辨率是指输出数字量变化一个最低有效位（LSB）所需的输入模拟电压的变化量，一般用输出数字量的位数表示，位数越多分辨率越高。转换时间是指完成一次从模拟量转换为数字量的模-数转换所需的时间。转换速率（Conversion Rate）是转换时间的倒数。采样时间则是另外一个概念，是指两次转换的间隔。为了保证转换的正确完成，采样速率（Sample Rate）必须小于或等于转换速率，常用单位是 MSPS，表示每秒采样百万次（Million Samples per Second），其他的单位还有 KSPS 和 GSPS 等。量化误差是指由于 ADC 的有限分辨率而引起的误差，即有限分辨率 ADC 的阶梯状转移特性曲线与无限分辨率 ADC（理想 ADC）的转移特性曲线（直线）之间的最大偏差，通常以 LSB 为单位表示。

图 4.25 所示为 ADC0804 的引脚图，它是 CMOS 8 位单通道逐次逼近型的模-数转换器，它的引脚功能及使用如下：

（1）$V_{IN(+)}$和 $V_{IN(-)}$：为模拟电压输入端，模拟电压输入接 $V_{IN(+)}$端，$V_{IN(-)}$端接地。允许输入差分信号，此时 $V_{IN(+)}$、$V_{IN(-)}$分别接模拟电压信号的正端和负端。当输入的模拟电压信号存在“零点漂移电压”时，可在 $V_{IN(-)}$接一等值的零点补偿电压，变换时将自动从 $V_{IN(+)}$中减去这一电压。

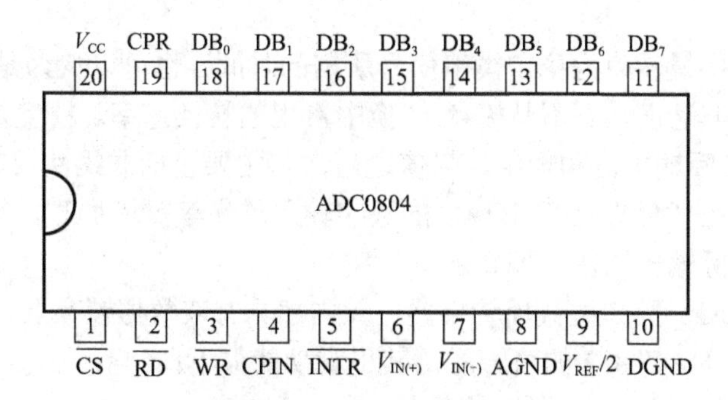

图 4.25 ADC0804 引脚图

（2）基准电压 V_{REF}：为模数转换的基准电压，如不外接，则 V_{REF} 可与 V_{CC} 共用电源。

（3）$\overline{CS}$ 为片选信号输入，低电平有效。$\overline{WR}$ 为转换开始的启动信号输入。$\overline{RD}$ 为转换结束后从 ADC 中读出数据的控制信号。$\overline{INTR}$ 为模数转换结束标志信号输出端，低电平有效。在有微处理器的应用中，此端可作为中断或者查询信号。

（4）CPR 和 CPIN：ADC0804 可外接 *RC* 产生模数转换器所需的时钟信号，时钟频率 $f_{CLK}=\dfrac{1}{1.1RC}$，一般要求频率范围为 100kHz～1.28MHz，典型值为 640kHz，转换时间为 100μs。

（5）AGND 和 DGND：分别为模拟地和数字地。

（6）DB_0～DB_7 是数字量输出端。

图 4.26 为 ADC0804 的时序图，读取数据时应按照时序进行。

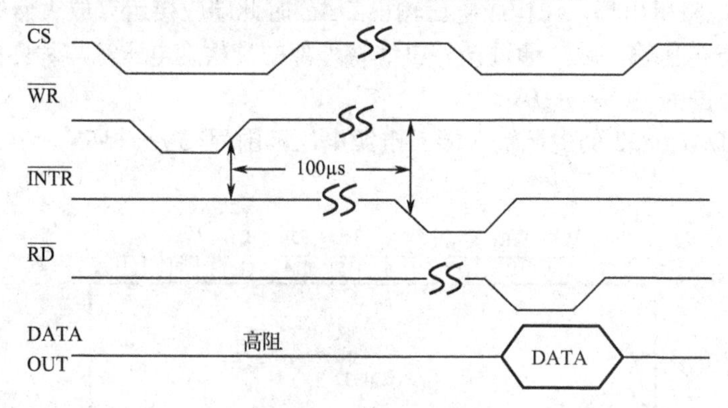

图 4.26 ADC0804 时序图

数模转换器（DAC）分为电压型和电流型两大类，电压型 DAC 有权电阻网络、T 型电阻网络和树形开关网络等；电流型 DAC 有权电流型电阻网络和倒 T 型电阻网络等。电压输出型 DAC 虽有直接从电阻阵列输出电压的，但一般采用内置输出放大器以低阻抗输出。直接输出电压的器件仅用于高阻抗负载，由于无输出放大器部分的延迟，故常作为高速 DAC 使用。电流输出型 DAC 很少直接利用电流输出，大多外接电流-电压转换电路得到电压输出，后者有两种方法：一是只在输出引脚上接负载电阻而进行电流-电压转换，二是外接运算放大器。

DAC 的主要技术指标包括分辨率、建立时间、精度和线性度等。分辨率是指输出模拟电压的最小增量，即表明 DAC 输入一个最低有效位（LSB）而在输出端上模拟电压的变化量。

建立时间是将一个数字量转换为稳定模拟信号所需的时间，也可以认为是转换时间。DAC 中常用建立时间来描述其速度，而不是模-数转换中常用的转换速率。精度是指输入端加有最大数值量时，DAC 的实际输出值和理论计算值之差，它主要包括非线性误差、比例系统误差、失调误差。线性度是在理想情况下，DAC 的数字输入量作等量增加时，其模拟输出电压也应作等量增加，但是实际输出往往有偏离。

DAC0832 为 CMOS 型 8 位数模转换器，其内部具有双数据锁存器，且输入电平与 TTL 电平兼容。图 4.27 为 DAC0832 的引脚图，其引脚功能如下：

（1）$\overline{CS}$ 是片选信号输入端，低电平有效。

（2）ILE 是输入寄存器允许信号输入端，高电平有效。

（3）$\overline{WR_1}$ 是输入寄存器与信号输入端，低电平有效。该信号用于控制将外部数据写入输入寄存器中。

（4）$\overline{XEFR}$ 为允许传送控制信号的输入端，低电平有效。

（5）$\overline{WR_2}$ 为 DAC 寄存器写信号输入端，低电平有效。该信号用于控制将输入寄存器的输出数据写入 DAC 寄存器中。

（6）DI_0～DI_7 为 8 位数据输入端。

（7）I_{out1} 是 DAC 电流输出 1，在构成电压输出 DAC 时此线应外接运算放大器的反相输入端。I_{out2} 是 DAC 电流输出 2，在构成电压输出 DAC 时，此线应和运算放大器的同相输入端一起接模拟地。

（8）R_{fb} 反馈电阻引出端，在构成电压输出 DAC 时此端应接运算放大器的输出端。

（9）V_{REF} 基准电压输入端，通过该外引线将外部的高精度电压源与片内的 R-$2R$ 电阻网络相连，其电压范围为-10V～+10V。

（10）V_{CC} 是 DAC0832 的电源输入端，电源电压范围为+5V～+15V。AGND 是模拟地，DGND 为数字地。

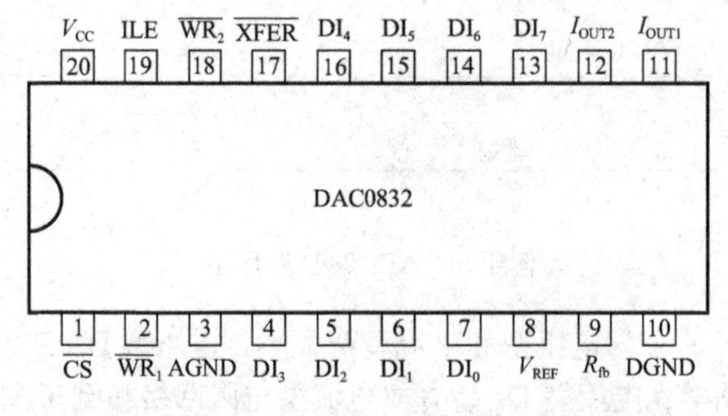

图 4.27　DAC0832 引脚图

图 4.28 所示为 DAC0832 结构框图。

由于 DAC0832 是 8 位的电流输出型数模转换器，为了把电流输出变成电压输出，可在数模转换器的输出端接一个运算放大器，输出电压 U_0 的大小由反馈电阻 R_f 决定，整个应用电路见图 4.29，图中 V_{REF} 接 5V 电源。

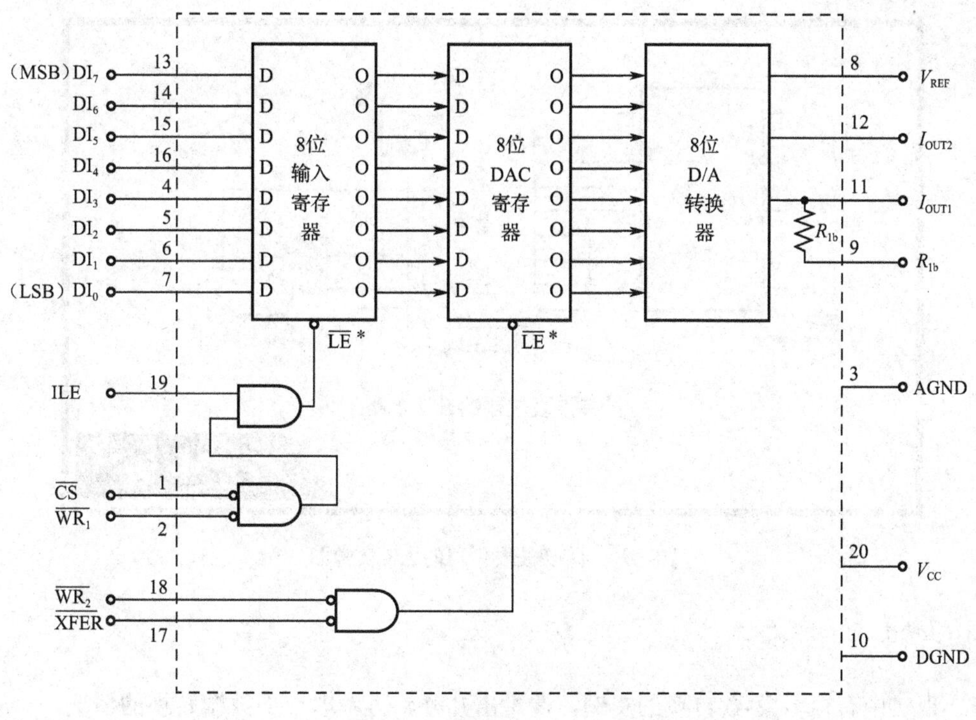

图 4.28 DAC0832 结构框图

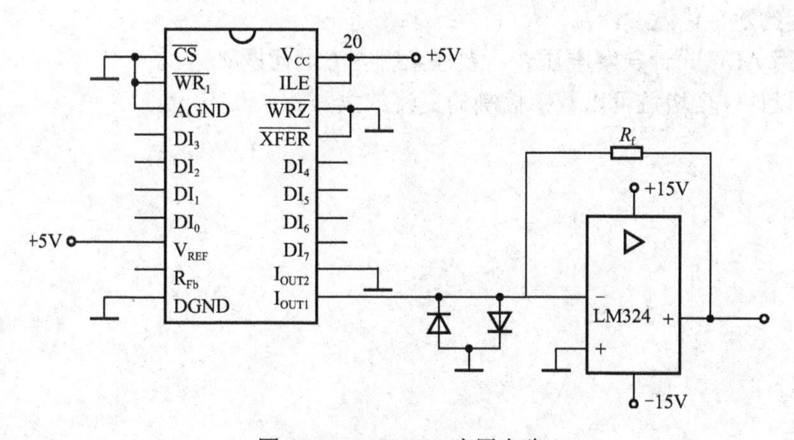

图 4.29 DAC0832 应用电路

三、实验内容

1. 用 DAC0832 设计一个阶梯波发生器，要求阶梯波共有 10 段不同的输出。阶梯波发生器的 AR 实验，请用手机扫描 APP 二维码、安装 APP，再扫描图 4.30 观察实验现象。

2. 通过电位器分压的方法获得连续可调的模拟信号，给 ADC0804 做输入，测量十个点的数据，并记录结果。写出具体的操作时序（步骤）。

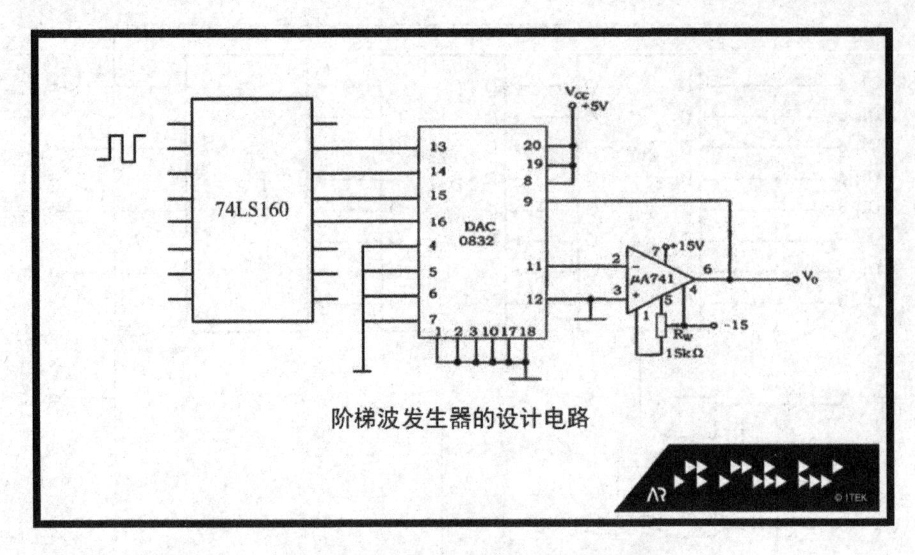

图 4.30　阶梯波发生器的 AR 实验图

四、思考题

1．现实中有很多模-数转换的实例，请举出几种。再考虑一下数模转换的情况。

2．温度是一个模拟量，请查阅模拟或者数字温度传感器的相关资料，设计一个可以实时显示当前温度的数字化温度计。

3．如果用 ADC 设计数字电压表，要注意哪些方面问题？

4．尝试设计一个增益可以数字控制的交流放大器。

第 5 章 DE2 开发板上接口电路的使用

DE2 开发板是台湾友晶公司生产的一款适合于多媒体音视频开发的 FPGA 开发平台，在国内外多所高校应用于数字电路以及计算机原理等课程中，板上资源较为丰富，并可方便地扩展其他电路。DE2 开发板如图 5.1 所示。

图 5.1 DE2 开发板

DE2 开发板上的核心器件是 Altera Cyclone II 2C35 FPGA，可以使用的资源有：1 个 8-Mbyte SDRAM、1 个 512-Kbyte SRAM、4-Mbyte Flash 存储器和 SD 卡；4 个按键；18 个开关；18 个红色 LED；9 个绿色 LED；8 个七段显示器；50MHz 和 27MHz 晶振；24-bit CD 质量的输入、输出与麦克风输入接头；有 3 个 10-bit 高速 DAC 的 VGA 接口；TV 解码器（NTSC/PAL）；10/100MHz 以太网络控制器和接头；USB 主/从控制器和接口；RS232；PS/2 和 IrDA 收发；72 个 I/O 引脚以及 8 个电源与接地引脚。

DE2 开发板的使用比较简单，用 JTAG 调试时一般要按照下列步骤进行。首先，要确保电源适配器正确地连接到了开发板上。其次，USB Blaster 连接线也连接到了正确的位置，计算机要安装 USB 驱动，并要配置好。第三，开发板左侧的开关选择在“RUN”位置。

图 5.2 所示是 JTAG 配置模式示意图。

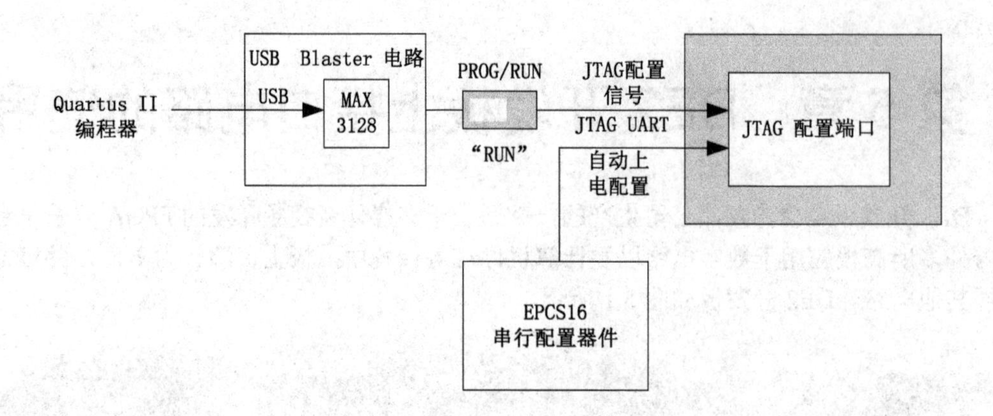

图 5.2 JTAG 配置模式示意图

5.1 开关和按键的使用

开关和按键是基本的输入设备，DE2 开发板上有 4 个按键，每一个都接了施密特触发器去抖，当按键按下时提供低电平，不按的时候提供高电平输入。18 个开关处于“下”的位置（靠近板边缘）时，提供低电平；处于“上”的位置时提供高电平。相应的电路图如图 5.3 所示。各开关的引脚分配表如表 5.1 所示，各按键的引脚分配表如表 5.2 所示。

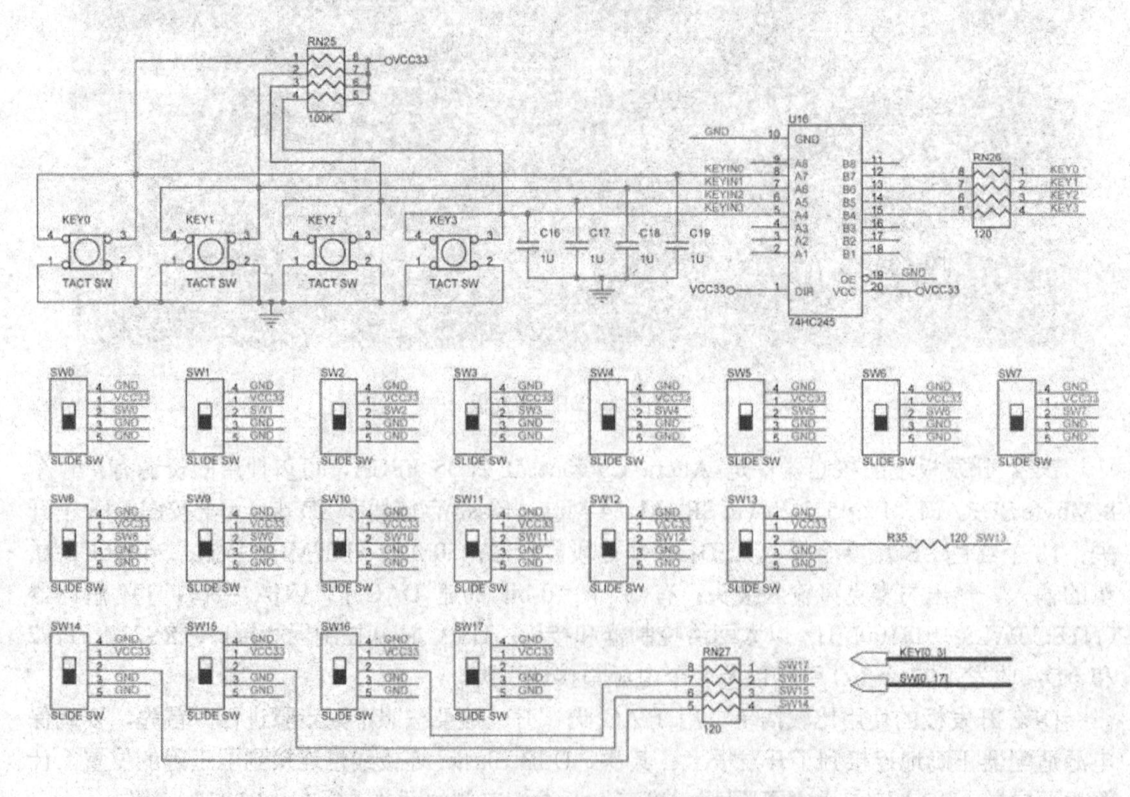

图 5.3 DE2 开发板开发板上按键和开关电路图

表 5.1　开关的引脚分配表

信　号　名	FPGA 引脚号	描　　述
SW[0]	PIN_N25	开关[0]
SW[1]	PIN_N26	开关[1]
SW[2]	PIN_N25	开关[2]
SW[3]	PIN_AE14	开关[3]
SW[4]	PIN_AF14	开关[4]
SW[5]	PIN_AD13	开关[5]
SW[6]	PIN_AC13	开关[6]
SW[7]	PIN_C13	开关[7]
SW[8]	PIN_B13	开关[8]
SW[9]	PIN_A13	开关[9]
SW[10]	PIN_N1	开关[10]
SW[11]	PIN_P1	开关[11]
SW[12]	PIN_P2	开关[12]
SW[13]	PIN_T7	开关[13]
SW[14]	PIN_U3	开关[14]
SW[15]	PIN_U4	开关[15]
SW[16]	PIN_V1	开关[16]
SW[17]	PIN_V2	开关[17]

表 5.2　按键的引脚分配表

信　号　名	FPGA 引脚号	描　　述
KEY[0]	PIN_G26	按键[0]
KEY[1]	PIN_N23	按键[1]
KEY[2]	PIN_P23	按键[2]
KEY[3]	PIN_W26	按键[3]

5.2　LED 的使用

DE2 开发板上有 18 个红色 LED 和 9 个绿色 LED，当接高电平时 LED 亮，当接低电平时 LED 灭。LED 电路如图 5.4 所示，其引脚分配表如表 5.3 所示。

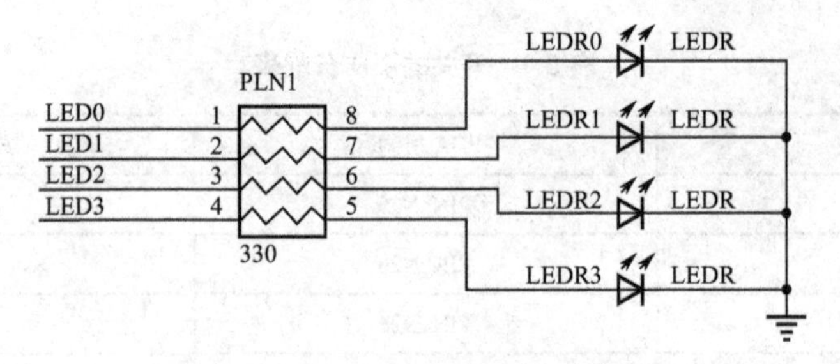

图 5.4　DE2 开发板上 LED 电路图示例

表 5.3　LED 的引脚分配表

信　号　名	FPGA 引脚号	描　　述
LEDR[0]	PIN_AE23	红色发光二极管[0]
LEDR[1]	PIN_AF23	红色发光二极管[1]
LEDR[2]	PIN_AB21	红色发光二极管[2]
LEDR[3]	PIN_AC22	红色发光二极管[3]
LEDR[4]	PIN_AD22	红色发光二极管[4]
LEDR[5]	PIN_AD23	红色发光二极管[5]
LEDR[6]	PIN_AD21	红色发光二极管[6]
LEDR[7]	PIN_AC21	红色发光二极管[7]
LEDR[8]	PIN_AA14	红色发光二极管[8]
LEDR[9]	PIN_Y13	红色发光二极管[9]
LEDR[10]	PIN_AA13	红色发光二极管[10]
LEDR[11]	PIN_AC14	红色发光二极管[11]
LEDR[12]	PIN_AD15	红色发光二极管[12]
LEDR[13]	PIN_AE15	红色发光二极管[13]
LEDR[14]	PIN_AF13	红色发光二极管[14]
LEDR[15]	PIN_AE13	红色发光二极管[15]
LEDR[16]	PIN_AE12	红色发光二极管[16]
LEDR[17]	PIN_AD12	红色发光二极管[17]
LEDG[0]	PIN_AE22	绿色发光二极管[0]
LEDG[1]	PIN_AF22	绿色发光二极管[1]
LEDG[2]	PIN_W19	绿色发光二极管[2]
LEDG[3]	PIN_V18	绿色发光二极管[3]
LEDG[4]	PIN_U18	绿色发光二极管[4]
LEDG[5]	PIN_U17	绿色发光二极管[5]
LEDG[6]	PIN_AA20	绿色发光二极管[6]
LEDG[7]	PIN_Y18	绿色发光二极管[7]
LEDG[8]	PIN_Y12	绿色发光二极管[8]

5.3　数码管的使用

DE2 开发板上有 8 个数码管，都是共阳极的，小数点没有用，其他七段都通过电路接到了 FPGA 上，所以当提供给某段低电平时该段亮。设计时需要自己译码，示意的电路图如图 5.5 所示。

图 5.5 中，数码管上各段的编号如图 5.6 所示，各数码管的引脚分配表如表 5.4 所示。

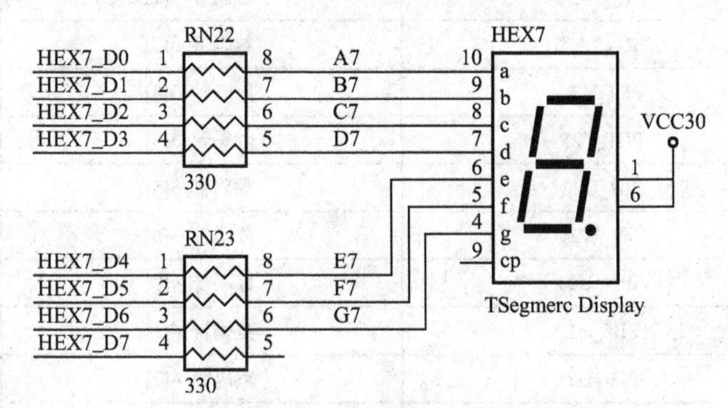

图 5.5　DE2 开发板上数码管电路图示意图

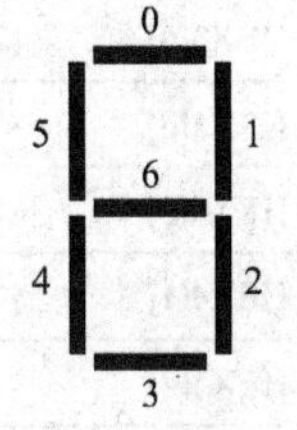

图 5.6　数码管中各段位置和编号

表 5.4　数码管的引脚分配表

信　号　名	FPGA 引脚号	描　　述
HEX0[0]	PIN_AF10	数码管 0[0]
HEX0[1]	PIN_AB12	数码管 0[1]
HEX0[2]	PIN_AC12	数码管 0[2]
HEX0[3]	PIN_AD11	数码管 0[3]
HEX0[4]	PIN_AE11	数码管 0[4]
HEX0[5]	PIN_V14	数码管 0[5]
HEX0[6]	PIN_V13	数码管 0[6]
HEX1[0]	PIN_V20	数码管 1[0]
HEX1[1]	PIN_V21	数码管 1[1]
HEX1[2]	PIN_W21	数码管 1[2]
HEX1[3]	PIN_Y22	数码管 1[3]
HEX1[4]	PIN_AA24	数码管 1[4]
HEX1[5]	PIN_AA23	数码管 1[5]
HEX1[6]	PIN_AB24	数码管 1[6]
HEX2[0]	PIN_AB23	数码管 2[0]
HEX2[1]	PIN_V22	数码管 2[1]
HEX2[2]	PIN_AC25	数码管 2[2]
HEX2[3]	PIN_AC26	数码管 2[3]

续表

信号名	FPGA 引脚号	描述
HEX2[4]	PIN_AB26	数码管 2[4]
HEX2[5]	PIN_AB25	数码管 2[5]
HEX2[6]	PIN_Y24	数码管 2[6]
HEX3[0]	PIN_Y23	数码管 3[0]
HEX3[1]	PIN_AA25	数码管 3[1]
HEX3[2]	PIN_AA26	数码管 3[2]
HEX3[3]	PIN_Y26	数码管 3[3]
HEX3[4]	PIN_Y25	数码管 3[4]
HEX3[5]	PIN_U22	数码管 3[5]
HEX3[6]	PIN_W24	数码管 3[6]
HEX4[0]	PIN_U9	数码管 4[0]
HEX4[1]	PIN_U1	数码管 4[1]
HEX4[2]	PIN_U2	数码管 4[2]
HEX4[3]	PIN_T4	数码管 4[3]
HEX4[4]	PIN_R7	数码管 4[4]
HEX4[5]	PIN_R6	数码管 4[5]
HEX4[6]	PIN_T3	数码管 4[6]
HEX5[0]	PIN_T2	数码管 5[0]
HEX5[1]	PIN_P6	数码管 5[1]
HEX5[2]	PIN_P7	数码管 5[2]
HEX5[3]	PIN_T9	数码管 5[3]
HEX5[4]	PIN_R5	数码管 5[4]
HEX5[5]	PIN_R4	数码管 5[5]
HEX5[6]	PIN_R3	数码管 5[6]
HEX6[0]	PIN_R2	数码管 6[0]
HEX6[1]	PIN_P4	数码管 6[1]
HEX6[2]	PIN_P3	数码管 6[2]
HEX6[3]	PIN_M2	数码管 6[3]
HEX6[4]	PIN_M3	数码管 6[4]
HEX6[5]	PIN_M5	数码管 6[5]
HEX6[6]	PIN_M4	数码管 6[6]
HEX7[0]	PIN_L3	数码管 7[0]
HEX7[1]	PIN_L2	数码管 7[1]
HEX7[2]	PIN_L9	数码管 7[2]
HEX7[3]	PIN_L6	数码管 7[3]

续表

信 号 名	FPGA 引脚号	描 述
HEX7[4]	PIN_L7	数码管 7[4]
HEX7[5]	PIN_P9	数码管 7[5]
HEX7[6]	PIN_N9	数码管 7[6]

5.4　时钟的使用

时钟信号是一种标准信号，在时序电路中有重要的作用。DE2 开发板上有 2 个由晶振构成的标准时钟，一个是 27MHz，另一个是 50MHz。此外，开发板上还有一个外接时钟信号的 SMA 接口。时钟电路图如图 5.7 所示，各引脚分配表如表 5.5 所示。

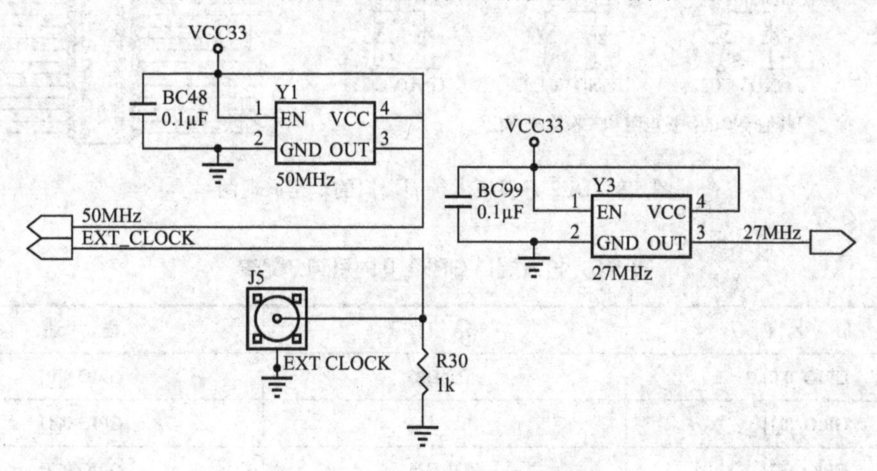

图 5.7　DE2 开发板上的时钟电路

表 5.5　时钟引脚分配表

信 号 名	FPGA 引脚号	描 述
CLOCK_27	PIN_D13	27MHz 时钟输入
CLOCK_50	PIN_N2	50MHz 时钟输入
EXT_ CLOCK	PIN_P26	外部时钟输入（SMA）

5.5　扩展端口的使用

DE2 开发板上有两个 40 脚的扩展端口（GPIO_0 和 GPIO_1），可以扩展其他电路。扩展端口的电路原理如图 5.8 所示，GPIO_0 和 GPIO_1 的引脚分配表分别如表 5.6 和表 5.7 所示。

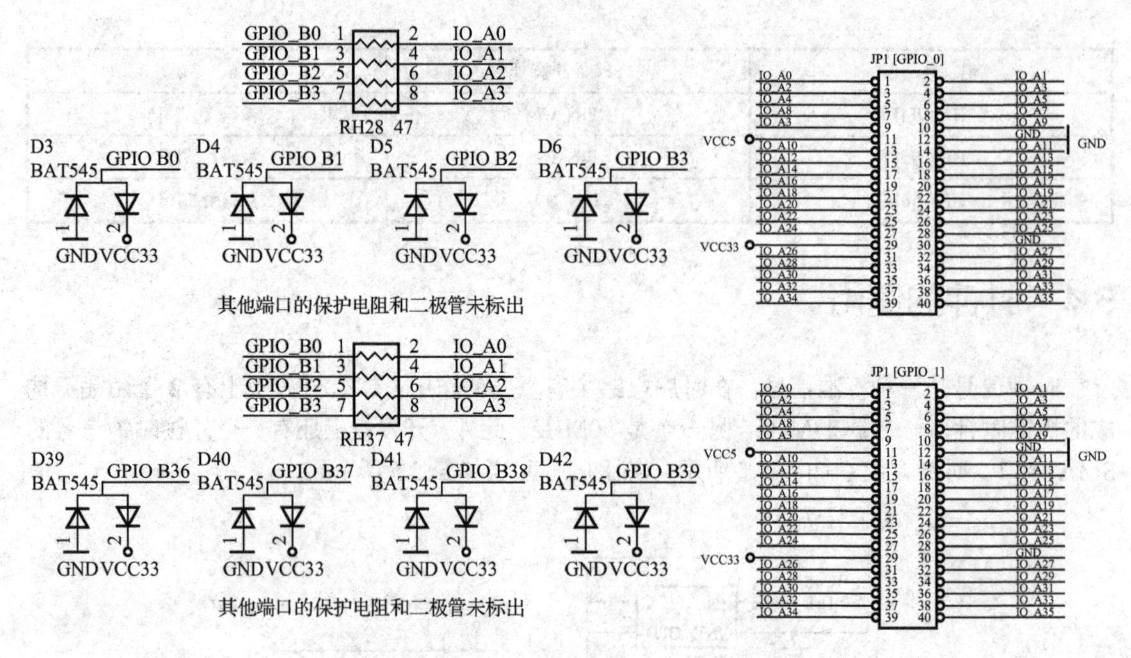

图 5.8　DE2 开发板上扩展端口的电路原理图

表 5.6　扩展端口 GPIO_0 的引脚分配表

信　号　名	FPGA 引脚号	描　　述
GPIO_0[0]	PIN_D25	GPIO 0[0]
GPIO_0[1]	PIN_J22	GPIO 0[1]
GPIO_0[2]	PIN_E26	GPIO 0[2]
GPIO_0[3]	PIN_E25	GPIO 0[3]
GPIO_0[4]	PIN_F24	GPIO 0[4]
GPIO_0[5]	PIN_F23	GPIO 0[5]
GPIO_0[6]	PIN_J21	GPIO 0[6]
GPIO_0[7]	PIN_J20	GPIO 0[7]
GPIO_0[8]	PIN_F25	GPIO 0[8]
GPIO_0[9]	PIN_F26	GPIO 0[9]
GPIO_0[10]	PIN_N18	GPIO 0[10]
GPIO_0[11]	PIN_P18	GPIO 0[11]
GPIO_0[12]	PIN_G23	GPIO 0[12]
GPIO_0[13]	PIN_G24	GPIO 0[13]
GPIO_0[14]	PIN_K22	GPIO 0[14]
GPIO_0[15]	PIN_G25	GPIO 0[15]
GPIO_0[16]	PIN_H23	GPIO 0[16]

续表

信　号　名	FPGA 引脚号	描　　述
GPIO_0[17]	PIN_H24	GPIO 0[17]
GPIO_0[18]	PIN_J23	GPIO 0[18]
GPIO_0[19]	PIN_J24	GPIO 0[19]
GPIO_0[20]	PIN_H25	GPIO 0[20]
GPIO_0[21]	PIN_H26	GPIO 0[21]
GPIO_0[22]	PIN_H19	GPIO 0[22]
GPIO_0[23]	PIN_K18	GPIO 0[23]
GPIO_0[24]	PIN_K19	GPIO 0[24]
GPIO_0[25]	PIN_K21	GPIO 0[25]
GPIO_0[26]	PIN_K23	GPIO 0[26]
GPIO_0[27]	PIN_K24	GPIO 0[27]
GPIO_0[28]	PIN_L21	GPIO 0[28]
GPIO_0[29]	PIN_L20	GPIO 0[29]
GPIO_0[30]	PIN_J25	GPIO 0[30]
GPIO_0[31]	PIN_J26	GPIO 0[31]
GPIO_0[32]	PIN_L23	GPIO 0[32]
GPIO_0[33]	PIN_L24	GPIO 0[33]
GPIO_0[34]	PIN_L25	GPIO 0[34]
GPIO_0[35]	PIN_L19	GPIO 0[35]

表 5.7　扩展端口 GPIO_1 的引脚分配表

信　号　名	FPGA 引脚号	描　　述
GPIO_1[0]	PIN_K25	GPIO 1[0]
GPIO_1[1]	PIN_K26	GPIO 1[1]
GPIO_1[2]	PIN_M22	GPIO 1[2]
GPIO_1[3]	PIN_M23	GPIO 1[3]
GPIO_1[4]	PIN_M19	GPIO 1[4]
GPIO_1[5]	PIN_M20	GPIO 1[5]
GPIO_1[6]	PIN_N20	GPIO 1[6]
GPIO_1[7]	PIN_M21	GPIO 1[7]
GPIO_1[8]	PIN_M24	GPIO 1[8]
GPIO_1[9]	PIN_M25	GPIO 1[9]
GPIO_1[10]	PIN_N24	GPIO 1[10]

续表

信 号 名	FPGA 引脚号	描 述
GPIO_1[11]	PIN_P24	GPIO 1[11]
GPIO_1[12]	PIN_R25	GPIO 1[12]
GPIO_1[13]	PIN_R24	GPIO 1[13]
GPIO_1[14]	PIN_R20	GPIO 1[14]
GPIO_1[15]	PIN_T22	GPIO 1[15]
GPIO_1[16]	PIN_T23	GPIO 1[16]
GPIO_1[17]	PIN_T24	GPIO 1[17]
GPIO_1[18]	PIN_T25	GPIO 1[18]
GPIO_1[19]	PIN_T18	GPIO 1[19]
GPIO_1[20]	PIN_T21	GPIO 1[20]
GPIO_1[21]	PIN_T20	GPIO 1[21]
GPIO_1[22]	PIN_U26	GPIO 1[22]
GPIO_1[23]	PIN_U25	GPIO 1[23]
GPIO_1[24]	PIN_U23	GPIO 1[24]
GPIO_1[25]	PIN_U24	GPIO 1[25]
GPIO_1[26]	PIN_R19	GPIO 1[26]
GPIO_1[27]	PIN_T19	GPIO 1[27]
GPIO_1[28]	PIN_U20	GPIO 1[28]
GPIO_1[29]	PIN_U21	GPIO 1[29]
GPIO_1[30]	PIN_V26	GPIO 1[30]
GPIO_1[31]	PIN_V25	GPIO 1[31]
GPIO_1[32]	PIN_V24	GPIO 1[32]
GPIO_1[33]	PIN_V23	GPIO 1[33]
GPIO_1[34]	PIN_W25	GPIO 1[34]
GPIO_1[35]	PIN_W23	GPIO 1[35]

5.6 液晶模块 LCD1602 的使用

LCD1602 是双行的 16 字符点阵液晶显示模块，它由 5×7 的点阵亮灭的不同组合来显示不同的字符。DDRAM 控制每行 16 个字符显示什么字符，每一行有 40 个字符空间，而 LCD1602 每一行只能显示 16 个字符，要想显示 DDRAM 中的所有字符可以通过移位来实现。

DE2 开发板上 LCD1602 的电路原理图如图 5.9 所示。

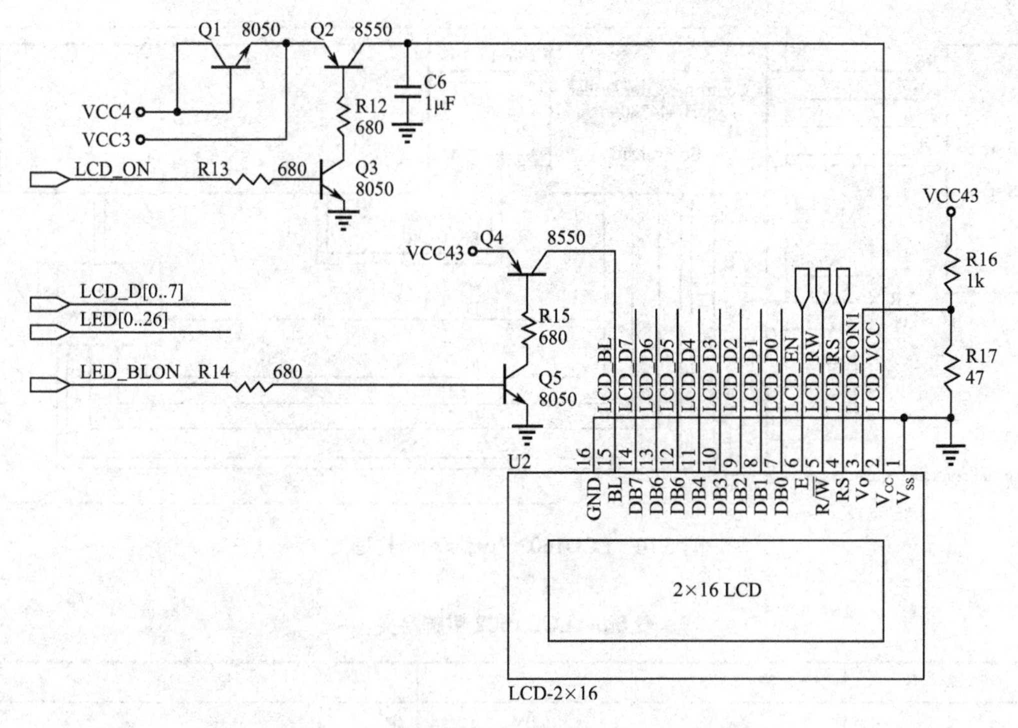

图 5.9　DE2 开发板上 LCD1602 的电路原理图

LCD1602 的接口引脚分配表如表 5.8 所示。

表 5.8　LCD1602 的接口引脚分配表

信　号　名	FPGA 引脚号	描　述
LCD_DATA[0]	PIN_J1	LCD Data[0]
LCD_DATA[1]	PIN_J2	LCD Data[1]
LCD_DATA[2]	PIN_H1	LCD Data[2]
LCD_DATA[3]	PIN_H2	LCD Data[3]
LCD_DATA[4]	PIN_J4	LCD Data[4]
LCD_DATA[5]	PIN_J3	LCD Data[5]
LCD_DATA[6]	PIN_H4	LCD Data[6]
LCD_DATA[7]	PIN_H3	LCD Data[7]
LCD_RW	PIN_K4	LCD 读/写选择，0=写，1=读
LCD_EN	PIN_K3	LCD 使能
LCD_RS	PIN_K1	LCD 指令/数据选择，0=指令，1=数据
LCD_ON	PIN_L4	LCD 电源开/关 0=关，1=开
LCD_BLON	PIN_K2	LCD 背光开/关 0=关，1=开

LCD1602 的内部原理结构框图如图 5.10 所示。LCD1602 的 16 个引脚的定义如表 5.9 所示。

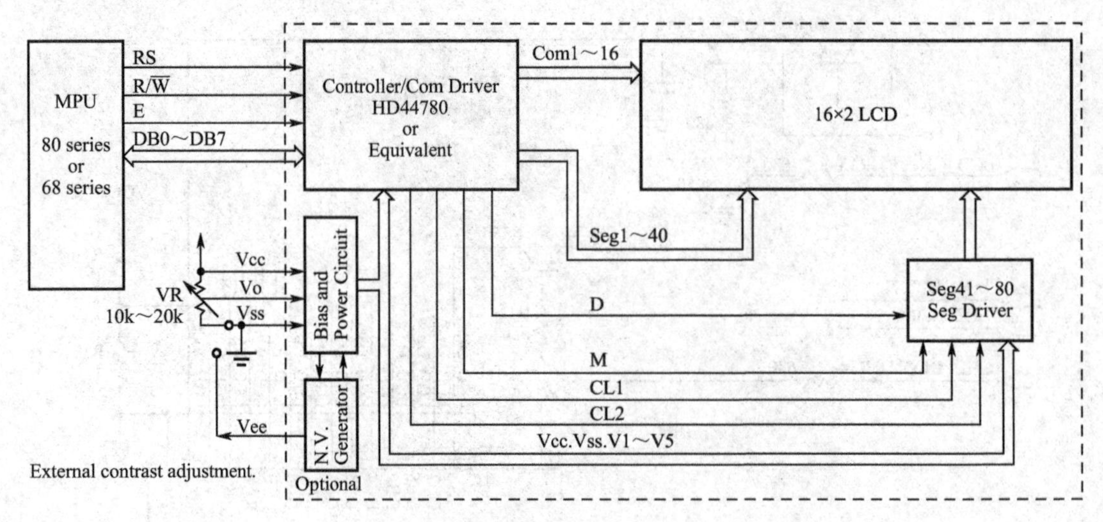

图 5.10 LCD1602 内部原理结构框图

表 5.9 LCD1602 引脚定义

引 脚 号	符 号	电 平	描 述
1	V_{SS}	0V	地
2	V_{CC}	5.0V	逻辑电源
3	Vo	(Variable)	LCD 的操作电压
4	RS	H/L	H：数据,；L：指令码
5	$R/\overline{W}$	H/L	H：读（MPU→模块）；L：写（MPU→模块）
6	E	H,H→L	芯片使能信号
7	DB0	H/L	数据位 0
8	DB1	H/L	数据位 1
9	DB2	H/L	数据位 2
10	DB3	H/L	数据位 3
11	DB4	H/L	数据位 4
12	DB5	H/L	数据位 5
13	DB6	H/L	数据位 6
14	DB7	H/L	数据位 7
15	BLA	—	LED 背光电源（+）
16	BLK	—	LED 背光电源（-）

控制器 HD44780 内置了 DDRAM、CGROM 和 CGRAM，DDRAM 就是显示数据 RAM，用来寄存待显示的字符代码，共 80 个字节，其地址和屏幕的对应关系如表 5.10 所示。

表 5.10 LCD1602 显示地址

1	2	3	4	5	6	7	8	9	10	11	12	13	14	15	16
00	01	02	03	04	05	06	07	08	09	0A	0B	0C	0D	0E	0F
40	41	42	43	44	45	46	47	48	49	4A	4B	4C	4D	4E	4F

LCD1602 液晶模块内部的字符发生存储器（CGROM)已经存储了 190 多个不同的点阵字符图形，如表 5.11 所示，这些字符有：阿拉伯数字、英文字母的大小写、常用的符号和日文假名等，每一个字符都有一个固定的代码，比如大写的英文字母“A”的代码是 01000001B（41H)，显示时模块把地址 41H 中的点阵字符图形显示出来，就能看到字母“A”。

表 5.11　LCD1602 中 CGROM

高4位 低4位	LLLL	LLLH	LLHL	LLHH	LHLL	LHLH	LHHL	LHHH	HLLL	HLLH	HLHL	HLHH	HHLL	HHLH	HHHL	HHHH
LLLL	CG RAM（1）			0	@	P	`	p				ー	タ	ミ	α	p
LLLH	（2）		!	1	A	Q	a	q			。	ア	チ	ム	ä	q
LLHL	（3）		"	2	B	R	b	r			「	イ	ツ	メ	β	θ
LLHH	（4）		#	3	C	S	c	s			」	ウ	テ	モ	ε	∞
LHLL	（5）		$	4	D	T	d	t			、	エ	ト	ヤ	μ	Ω
LHLH	（6）		%	5	E	U	e	u			・	オ	ナ	ユ	σ	ü
LHHL	（7）		&	6	F	V	f	v			ヲ	カ	ニ	ヨ	ρ	Σ
LHHH	（8）		'	7	G	W	g	w			ァ	キ	ヌ	ラ	g	π
HLLL	（1）		(	8	H	X	h	x			ィ	ク	ネ	リ	√	x̄
HLLH	（2）		)	9	I	Y	i	y			ゥ	ケ	ノ	ル	⁻¹	y
HLHL	（3）		*	:	J	Z	j	z			ェ	コ	ハ	レ	j	千
HLHH	（4）		+	;	K	[	k	{			ォ	サ	ヒ	ロ	ˣ	万
HHLL	（5）		,	<	L	¥	l	|			ャ	シ	フ	ワ	¢	円
HHLH	（6）		-	=	M	]	m	}			ュ	ス	ヘ	ン	£	÷
HHHL	（7）		.	>	N	^	n	→			ョ	セ	ホ	゛	ñ	
HHHH	（8）		/	?	O	_	o	←			ッ	ソ	マ	゜	ö	█

共有 11 条指令能对 DDRAM 的内容和地址进行具体操作，具体的指令不再详细介绍，列表如表 5.12 所示。

表 5.12 LCD1602 的指令表

指令	指令集										描述	执行时间
	RS	$R/\overline{W}$	DB7	DB6	DB5	DB4	DB3	DB2	DB1	DB0		(f_{osc}=270kHz)
清屏	0	0	0	0	0	0	0	0	0	1	写“00H”到 DDRAM，设置 DDRAM 的地址计数器（AC）到“00H”	1.53ms
光标返回	0	0	0	0	0	0	0	0	1	—	光标返回到初始位置，设置 DDRAM 的地址计数器（AC）到“00H”，保持 DDRAM 的内容不变	1.53ms
模式设置	0	0	0	0	0	0	0	1	I/D	SH	设定光标移动方向（高电平右移，低电平左移），以及使能整屏是否移动（高电平右移，低电平不动）	39μs
显示开关控制	0	0	0	0	0	0	1	D	C	B	设置显示开关（D），光标显示（C）和光标闪烁（B）的控制位，高电平有效，电平无效	39μs
光标或者显示移位	0	0	0	0	0	1	S/C	R/L	—	—	设置光标移动以及显示移位的控制位以及方向，不改变 DDRAM 的数据。S/C 高电平移动显示，低电平移动光标，R/L 高电平右移，低电平左移	39μs
功能设置	0	0	0	0	1	DL	N	F	—	—	设置接口数据宽度（DL：8-bit/4-bit），显示行数（N：2-line/1-line）和显示字型（F：5×11 dots/5×8 dots）	39μs
设置 CGRAM 地址	0	0	0	1	AC5	AC4	AC3	AC2	AC1	AC0	在地址计数器中设置 CGRAM 地址	39μs
设置 DDRAM 地址	0	0	1	AC6	AC5	AC4	AC3	AC2	AC1	AC0	在地址计数器中设置 DDRAM 地址	39μs
读忙标志位和地址计数器地址	0	1	BF	AC6	AC5	AC4	AC3	AC2	AC1	AC0	读忙标志位 BF（高电平为忙）和地址计数器地址	0μs
写数据到 RAM	1	0	D7	D6	D5	D4	D3	D2	D1	D0	写数据到内部 RAM（DDRAM/CGRAM）	43μs
从 RAM 读数据	1	1	D7	D6	D5	D4	D3	D2	D1	D0	从内部 RAM（DDRAM/CGRAM）读数据	43μs

LCD1602 的控制要按照时序进行，分为读时序和写时序，分别如图 5.11 和图 5.12 所示。

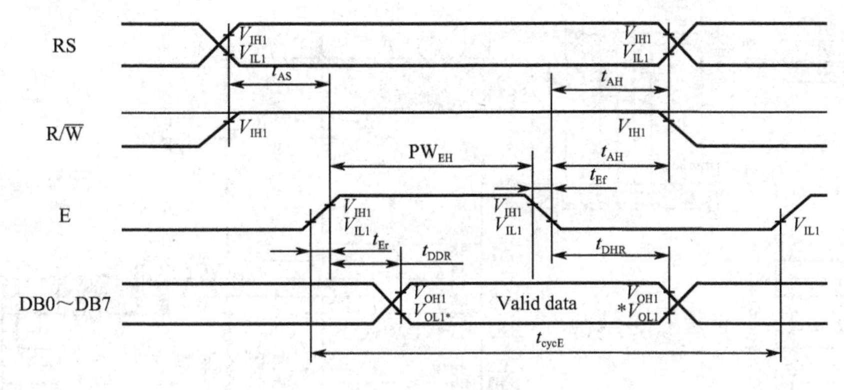

图 5.11 LCD1602 读时序

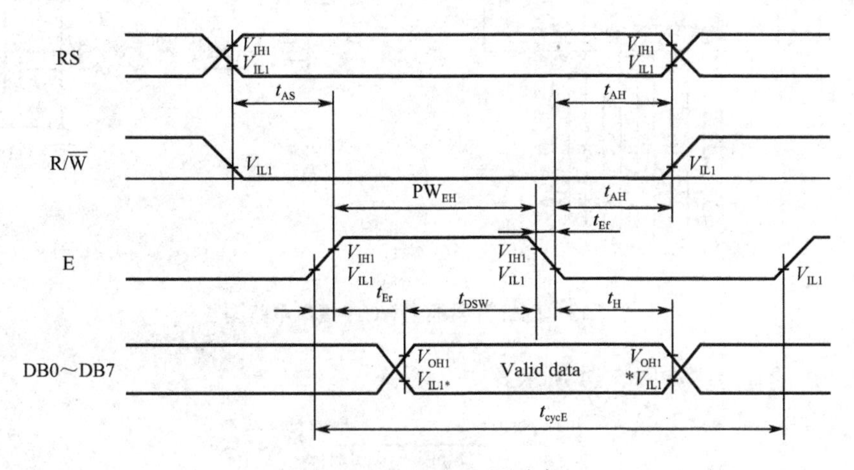

图 5.12 LCD1602 写时序

5.7 VGA 接口电路的使用

VGA 是一种较为常见的显示模式。对于普通的 VGA 显示器，其引出线共有 5 个信号：G，R，B（三基色信号），HS（行同步信号），VS（场同步信号）。在 5 个信号时序驱动时，VGA 显示器要严格遵循“VGA 工业标准”，即 640×480×25MHz 模式或 800×600×40MHz 模式等。DE2 开发板上有一个 16 脚的 D 型 VGA 接口端子，板上有一个带三个 10 位高速视频 DAC 的器件 ADV7123 用来输出模拟信号，该芯片支持的最大分辨率为 1600×1200 像素，100MHz。该部分的电路原理图如图 5.13 所示。

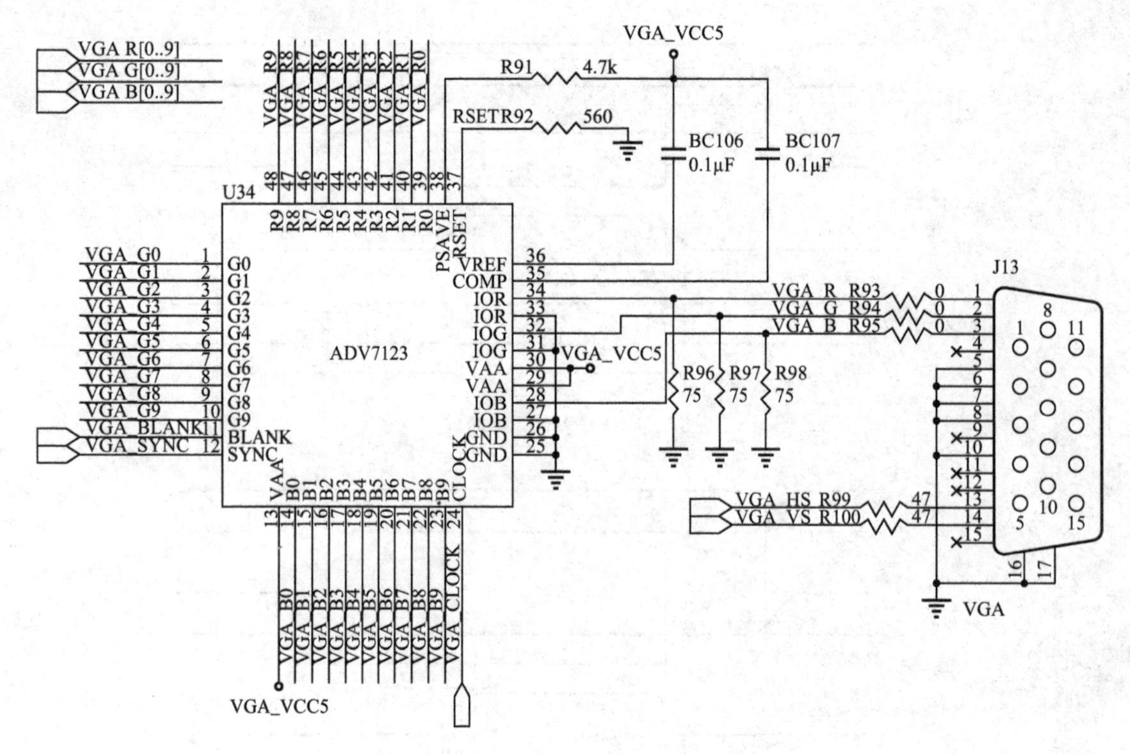

图 5.13　DE2 开发板上 VGA 接口电路图

一个 VGA 的行时序如图 5.14 所示。

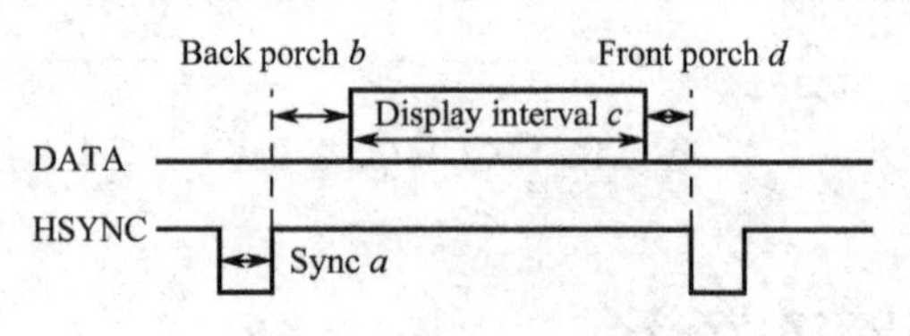

图 5.14　VGA 行时序图

各种分辨率下的行时序参数如表 5.13 所示。

表 5.13　VGA 行时序参数表

VGA 模式		行　时　序				
配　　置	分辨率（H×V）	*a*（μs）	*b*（μs）	*c*（μs）	*d*（μs）	像素时钟（MHz）
VGA（60Hz）	640×480	3.8	1.9	25.4	0.6	25（640/c）
VGA（85Hz）	640×480	1.6	2.2	17.8	1.6	36（640/c）
SVGA（60Hz）	800×600	3.2	2.2	20	1	40（800/c）
SVGA（75Hz）	800×600	1.6	3.2	16.2	0.3	49（800/c）
SVGA（85Hz）	800×600	1.1	2.7	14.2	0.6	56（800/c）
XGA（60Hz）	1024×768	2.1	2.5	15.8	0.4	65（1024/c）
XGA（70Hz）	1024×768	1.8	1.9	13.7	0.3	75（1024/c）
XGA（85Hz）	1024×768	1.0	2.2	10.8	0.5	95（1024/c）
1280×1024（60Hz）	1280×1024	1.0	2.3	11.9	0.4	108（1280/c）

表 5.14 为 VGA 场时序参数表，表 5.15 为 DE2 开发板上 ADV7123 的接口引脚分配表。

表 5.14 VGA 场时序参数表

VGA 模式		场 时 序			
配 置	分辨率（H×V）	*a*（lines）	*b*（lines）	*c*（lines）	*d*（lines）
VAG（60Hz）	640×480	2	33	480	10
VAG（85Hz）	640×480	3	25	480	1
SVGA（60Hz）	800×600	4	23	600	1
SVGA（75Hz）	800×600	3	21	600	1
SVGA（85Hz）	800×600	3	27	600	1
XGA（60Hz）	1024×768	6	29	768	3
XGA（70Hz）	1024×768	6	29	768	3
XGA（85Hz）	1024×768	3	36	768	1
1280×1024（60Hz）	1280×1024	3	38	1024	1

表 5.15 DE2 开发板上 ADV7123 的接口引脚分配表

信 号 名	FPGA 引脚号	描 述
VGA_R[0]	PIN_C8	VGA Red[0]
VGA_R[1]	PIN_F10	VGA Red[1]
VGA_R[2]	PIN_G10	VGA Red[2]
VGA_R[3]	PIN_D9	VGA Red[3]
VGA_R[4]	PIN_C9	VGA Red[4]
VGA_R[5]	PIN_A8	VGA Red[5]
VGA_R[6]	PIN_H11	VGA Red[6]
VGA_R[7]	PIN_H12	VGA Red[7]
VGA_R[8]	PIN_F11	VGA Red[8]
VGA_R[9]	PIN_E10	VGA Red[9]
VGA_G[0]	PIN_B9	VGA Green[0]
VGA_G[1]	PIN_A9	VGA Green[1]
VGA_G[2]	PIN_C10	VGA Green[2]
VGA_G[3]	PIN_D10	VGA Green[3]
VGA_G[4]	PIN_B10	VGA Green[4]
VGA_G[5]	PIN_A10	VGA Green[5]
VGA_G[6]	PIN_G11	VGA Green[6]
VGA_G[7]	PIN_D11	VGA Green[7]
VGA_G[8]	PIN_E12	VGA Green[8]
VGA_G[9]	PIN_D12	VGA Green[9]
VGA_B[0]	PIN_J13	VGA Blue[0]

续表

信　号　名	FPGA 引脚号	描　述
VGA_B[1]	PIN_J14	VGA Blue[1]
VGA_B[2]	PIN_F12	VGA Blue[2]
VGA_B[3]	PIN_G12	VGA Blue[3]
VGA_B[4]	PIN_J10	VGA Blue[4]
VGA_B[5]	PIN_J11	VGA Blue[5]
VGA_B[6]	PIN_C11	VGA Blue[6]
VGA_B[7]	PIN_B11	VGA Blue[7]
VGA_B[8]	PIN_C12	VGA Blue[8]
VGA_B[9]	PIN_B12	VGA Blue[9]
VGA_CLK	PIN_B8	VGA Clock
VGA_BLANK	PIN_D6	VGA BLANK
VGA_HS	PIN_A7	VGA H_SYNC
VGA_VS	PIN_D8	VGA V_SYNC
VGA_SYNC	PIN_B7	VGA SYNC

5.8 PS/2 键盘接口的使用

键盘上包含了一个大型的按键矩阵，它们是由安装在电路板上的处理器（叫做“键盘编码器”）来监视的。具体的处理器在键盘与键盘之间是多样化的，但是它们基本上都做着同样的事情：监视哪些按键被按下或释放了，并传送适当的数据到主机。如果有必要，处理器处理所有的去抖动并在它的 16 字节缓冲区里缓冲数据。在主机和键盘之间的通信使用 IBM 的协议。

键盘的处理器花费很多的时间来扫描或监视按键矩阵。如果它发现有键被按下、释放或按住，键盘将发送“扫描码”的信息包到计算机。扫描码有两种不同的类型：“通码”和“断码”，当一个键被按下或按住就发送通码；当一个键被释放就发送断码。每个按键被分配了唯一的通码和断码，这样主机通过查找唯一的扫描码就可以测定是哪个按键。每个键一整套的通断码组成了“扫描码集”。有三套标准的扫描码集，分别是第一套、第二套和第三套。所有现代的键盘默认使用第二套扫描码，各个键的扫描码如表 5.16～表 5.18 所示。

表 5.16　101、102 和 104 键的键盘的扫描码

按键	通码	断码	按键	通码	断码	按键	通码	断码
A	1C	F0，1C	9	46	F0，46	[	54	F0，54
B	32	F0，32	`	0E	F0，0E	INSERT	E0，70	E0，F0，70
C	21	F0，21	-	4E	F0，4E	HOME	E0，6C	E0，F0，6C
D	23	F0，23	=	55	F0，55	PG UP	E0，7D	E0，F0，7D
E	24	F0，24	\	5D	F0，5D	DELETE	E0，71	E0，F0，71

续表

按键	通码	断码	按键	通码	断码	按键	通码	断码
F	2B	F0，2B	BKSP	66	F0，66	END	E0，69	E0，F0，69
G	34	F0，34	SPACE	29	F0，29	PG DN	E0，7A	E0，F0，7A
H	33	F0，33	TAB	0D	F0，0D	U ARROW	E0，75	E0，F0，75
I	43	F0，43	CAPS	58	F0，58	L ARROW	E0，6B	E0，F0，6B
J	3B	F0，3B	L SHFT	12	F0，12	D ARROW	E0，72	E0，F0，72
K	42	F0，42	L CTRL	14	F0，14	R ARROW	E0，74	E0，F0，74
L	4B	F0，4B	L GUI	E0，1F	E0，F0，1F	NUM	77	F0，77
M	3A	F0，3A	L ALT	11	F0，11	KP /	E0，4A	E0，F0，4A
N	31	F0，31	R SHFT	59	F0，59	KP *	7C	F0，7C
O	44	F0，44	R CTRL	E0，14	E0，F0，14	KP -	7B	F0，7B
P	4D	F0，4D	R GUI	E0，27	E0，F0，27	KP +	79	F0，79
Q	15	F0，15	R ALT	E0，11	E0，F0，11	KP EN	E0，5A	E0，F0，5A
R	2D	F0，2D	APPS	E0，2F	E0，F0，2F	KP .	71	F0，71
S	1B	F0，1B	ENTER	5A	F0，5A	KP 0	70	F0，70
T	2C	F0，2C	ESC	76	F0，76	KP 1	69	F0，69
U	3C	F0，3C	F1	05	F0，05	KP 2	72	F0，72
V	2A	F0，2A	F2	06	F0，06	KP 3	7A	F0，7A
W	1D	F0，1D	F3	04	F0，04	KP 4	6B	F0，6B
X	22	F0，22	F4	0C	F0，0C	KP 5	73	F0，73
Y	35	F0，35	F5	03	F0，03	KP 6	74	F0，74
Z	1A	F0，1A	F6	0B	F0，0B	KP 7	6C	F0，6C
0	45	F0，45	F7	83	F0，83	KP 8	75	F0，75
1	16	F0，16	F8	0A	F0，0A	KP 9	7D	F0，7D
2	1E	F0，1E	F9	01	F0，01	]	5B	F0，5B
3	26	F0，26	F10	09	F0，09	;	4C	F0，4C
4	25	F0，25	F11	78	F0，78	'	52	F0，52
5	2E	F0，2E	F12	07	F0，07	,	41	F0，41
6	36	F0，36	PRNT SCRN	E0，12，E0，7C	E0，F0，7C，E0，F0，12	.	49	F0，49
7	3D	F0，3D	SCROLL	7E	F0，7E	/	4A	F0，4A
8	3E	F0，3E	PAUSE	E1，14，77，E1F0，14，F0，77	-NONE			

表 5.17　ACPI 扫描码

按　键	通　码	断　码
Power	E0，37	E0，F0，37
Sleep	E0，3F	E0，F0，3F
Wake	E0，5E	E0，F0，5E

表 5.18　Windows 多媒体扫描码

按　键	通　码	断　码
Next Track	E0，4D	E0，F0，4D
Previous Track	E0，15	E0，F0，15
Stop	E0，3B	E0，F0，3B
Play/Pause	E0，34	E0，F0，34
Mute	E0，23	E0，F0，23
Volume Up	E0，32	E0，F0，32
Volume Down	E0，21	E0，F0，21
Media Select	E0，50	E0，F0，50
E-Mail	E0，48	E0，F0，48
Calculator	E0，2B	E0，F0，2B
My Computer	E0，40	E0，F0，40
WWW Search	E0，10	E0，F0，10
WWW Home	E0，3A	E0，F0，3A
WWW Back	E0，38	E0，F0，38
WWW Forward	E0，30	E0，F0，30
WWW Stop	E0，28	E0，F0，28
WWW Refresh	E0，20	E0，F0，20
WWW Favorites	E0，18	E0，F0，18

只要一个键被按下，这个键的通码就被发送到计算机。通码只表示键盘上的一个按键，它不表示印刷在按键上的那个字符。这就意味着在通码和 ASCII 码之间没有已定义的关联，直到主机把扫描码翻译成一个字符或命令。虽然多数第二套通码都只有一个字节宽，但也有少数扩展按键的通码是两字节或四字节宽。这类通码的第一个字节总是为“E0h”。

正如键按下后，通码就被发往计算机一样，只要键一释放断码就会被发送。每个键都有它自己唯一的通码，它们也都有唯一的断码。在通码和断码之间存在着必然的联系，多数第二套断码有两字节长，它们的第一个字节是“F0h”，第二个字节是这个键的通码。扩展按键的断码通常有三个字节，它们前两个字节是“E0h”，“F0h”，最后一个字节是这个按键通码的最后一个字节。

通码和断码是以什么样的序列发送到你的计算机，从而使得字符“G”出现在你的字处理软件里的呢？因为这是一个大写字母，需要发生这样的事件，顺序按下“Shift”键，按下

“G”键，释放“G”键，释放“Shift”键，与这些时间相关的扫描码如下：“Shift”键的通码12h，“G”键的通码“34h”，“G”键的断码“F0h，34h”，“Shift”键的断码“F0h，12h”。因此发送到你的计算机的数据应该是“12h，34h，F0h，34h，F0h，12h”。

如果你按了一个键，这个键的通码被发送到计算机，当你按下并按住这个键，则意味着键盘将一直发送这个键的通码直到它被释放或者其他键被按下。

DE2 开发板上 PS/2 键盘接口的电路原理图如图 5.15 所示。

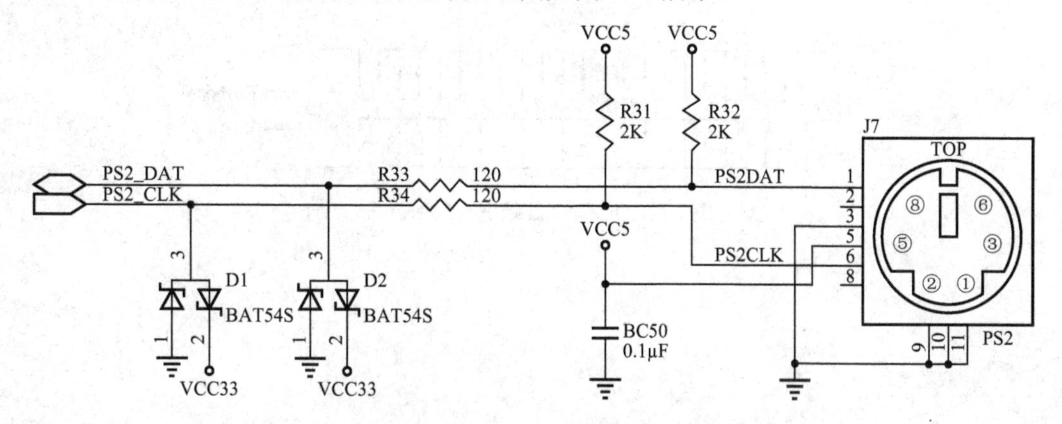

图 5.15　DE2 开发板上 PS/2 键盘接口的电路原理图

PS/2 键盘接口的定义如图 5.16 所示。

（Male）公的	（Female）母的	6脚Mini-DIN（PS/2）
		1—数据
		2—未实现，保留
		3—电源地
		4—电源+5V
（Plug）插头	（Socket）插座	5—时钟
		6—未实现，保留

图 5.16　PS/2 键盘接口定义

DE2 开发板上 PS/2 键盘接口的引脚分配表如表 5.19 所示。

表 5.19　DE2 开发板上 PS/2 键盘接口引脚分配表

信　号　名	FPGA 引脚号	描　　述
PS2_CLK	PIN_D26	PS/2 Clock
PS2_DAT	PIN_C24	PS/2 Data

PS/2 键盘都采取双向串行同步传输方式。双向是指设备既可以发送数据到主机，主机也可以发送数据到设备。串行指的是每次数据线上发送一位数据也要在时钟线上发一个脉冲数据才能被读入，在整个时钟脉冲作用下同步地收发数据。从键盘发送到主机的数据是在时钟的下降沿时被读取，而从主机发送到键盘的数据是在时钟的上升沿时被读取。主机要传送的数据包含 11～12 位，组成一帧数据。FPGA 接收 PS/2 键盘发送一个字节可按下面的步骤进行：

（1）时钟线电平，如果时钟线由高变低，则表示时钟线的下降沿到来。
（2）检测数据线在时钟线的下降沿时是否为低，如果是则表示 PS/2 键盘有数据发送。
（3）在接下来的 8 个时钟线下降沿按从低位到高位接收数据。
（4）在第 10 个时钟线下降沿接受奇校验位。
（5）在第 11 个下降沿，如果数据线为高表示停止位，一帧数据接收结束。
时序如图 5.17 所示。

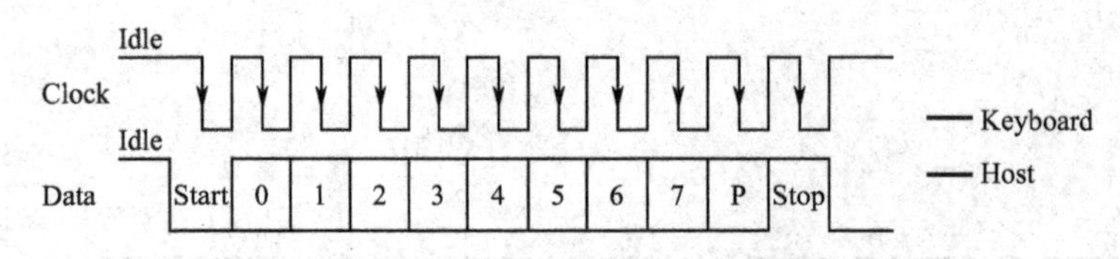

图 5.17　PS/2 键盘到主机的时序图

第6章 基于Verilog HDL的数字电路课程设计

6.1 硬件描述语言（HDL）

在传统的设计方法中，当设计一个新的硬件、一个新的数字电路或一个数字系统时，设计者必须为设计画一张线路图。通常地，线路图是由表示信号的连线和表示基本设计单元的符号连在一起组成的，符号取自设计者用于构造线路图的零件库。若设计者是用标准逻辑器件（如74系列等）做板级设计线路图，那么线路图中的符号取自标准逻辑零件符号库；若设计者是进行ASIC设计，则这些符号取自ASIC库的可用单元。这就是传统的原理图设计方法。

对线路图的逻辑优化，设计者可以利用一些EDA工具或者人工地进行布尔函数逻辑优化。为了能够对设计进行验证，设计者必须通过搭硬件平台（如电路板），对设计进行验证。

随着电子设计技术的飞速发展，设计的集成度、复杂度越来越高，传统的设计方法已满足不了设计的要求，因此要求能够借助当今先进的EDA工具，使用一种描述语言，对数字电路和数字逻辑系统能够进行形式化的描述，这就是硬件描述语言。

硬件描述语言（Hardware Description Language，HDL）是一种用形式化方法来描述数字电路和数字逻辑系统的语言。数字逻辑电路设计者可利用这种语言来描述自己的设计思想，然后利用EDA工具进行仿真，再自动综合到门级电路，最后用ASIC或FPGA实现其功能。

当前的HDL设计有多种设计方法，但一般地采用自顶向下的设计方法。

随着技术的发展，一个芯片上往往集成了几十万到几百万个器件，传统的自底向上的设计方法已经落后。因此，一个设计往往从系统级设计开始，把系统划分成几个大的基本的功能模块，每个功能模块再按一定的规则分成下一个层次的基本单元，如此划分下去，直到最简单的单元。自顶向下的设计方法可实现设计的结构化，使一个复杂的系统设计可由多个设计者分工合作，还可实现层次化的管理。

Verilog HDL最初是于1983年由Gateway Design Automation公司为其模拟器产品开发的硬件建模语言。由于他们的模拟、仿真器产品的广泛使用，Verilog HDL于1995年成为IEEE标准，称为IEEE 1364－1995。2001年推出新的标准IEEE 1364－2001。

6.2 Verilog HDL基本语法

标识符是HDL语言用来定义名字的，用于命名常数、变量、信号、端口等。Verilog HDL的标识符由字母、数字、下画线和$组成。可以用下画线或者字母开头，区分大小写，只有小写的关键字才是保留字。

Verilog HDL的注释有两种，类似C语言。一种以“/*”开头，以“*/”结尾，可以是多行的，但不能嵌套。另一种以“//”开头，到本行结束。

6.2.1 数据类型

所谓的数据类型就是对数据的分类规定。HDL 对数据类型要求比较详细，读者一定要有清晰的数据类型概念。

（1）Verilog HDL 取值范围：即对应于 1bit 的取值范围，分别是 0、1、X、Z，其中 0 表示低电平，1 表示高电平，Z 表示高阻态，X 表示未知值，实际上在电路中是不存在的，只用于仿真，X、Z 不区分大小写。

（2）字符串：用“”把字符串包括起来表示。

（3）整数：书写格式：bit 位数'数制数值，共四部分组成。

注意：'和数制之间不许出现空格。整数间可随意插入下画线，本身没有意义，只是提高易读性。占用的 bit 位数表示位宽，数制分别为二进制 b 或 B，八进制 o 或 O，十进制 d 或 D，十六进制 h 或 H。数值就是该数对应的值，举例如下：

```
4'b1101              //4bit 的二进制数，数值 1101
6'O45                //6bit 的八进制数，数值 45
3'd8                 //3bit 的十进制数，数值 8
4'HB                 //4bit 的十六进制数，数值 B
```

如果省略占用的 bit 数，编译器会给出一个默认宽度，如 32 位。如数制省略，则默认为十进制，举例如下：

```
'b1101               //32 位二进制数，其余高 28 位都为 0
'hf8                 //32 位十六进制数，其余高 24 位都为 0
```

未知值 x 与高阻态 z 在整型数中的表示：在二进制中的一个 x 或 z，表示 1bit 的 x 或 z；在八进制中的一个 x 或 z，表示 3bit 的 x 或 z；在十进制和十六进制中的一个 x 或 z，表示 4bit 的 x 或 z 举例如下：

```
4'b10xz              //相当于 10zx
6'BZ10               //相当于 zzzz10
6'O1Z                //相当于 001zzz
12'h1x               //相当于 00000001xxxx
```

负号‘-’在整数中只能出现在数的最前面。

如果定义的长度比指定的长度长，通常在左边添 0 补位。但如果最左边的一位为 x 或 z，就相应地用 x 或 z 在左边补位，举例如下：

```
10'b10               //相当于 0000000010
10'bx0x1             //相当于 xxxxxxx0x1
```

如果长度定义得小，那么最左边的位相应被截断，例如：

```
3'b1001_0011         //与 3'b011 相等
5'H0FFF              //与 5'h1f 相等
```

6.2.2　数据对象

HDL 中的数据对象，用来接收和保存不同数据类型的赋值，类似一种容器，只不过是用来盛装不同的数据。

Verilog HDL 数据对象主要有 8 种，线网型（net）、寄存器型（reg）、存储器型（memory）、整型（integer）、时间型（time）、实数型（real）、参数型（parameter）及字符串型（string）。

线网型数据对象是 Verilog HDL 中最常用的数据对象之一，起到电路节点之间的连线作用，用来连接各个模块之间的输入输出。它不存储逻辑值，上面的信号取决于驱动它的其他部件。通常由 assign 进行赋值。

线网型数据对象有 11 种之多，主要有 wire 和 tri 两种，其中 tri 主要用于定义三态的线网。线网数据对象支持多驱动源操作，即一个线网对象可以有多个驱动源对它进行驱动。

（1）线网型数据对象描述格式。

线网型数据对象描述格式为：

wire[signed][vectored][scalared]list_of_indentifiers，其中：

[signed]可选项，表示定义有符号的数据对象。

[vectored]可选项，定义多位标量数据对象。

[scalared]可选项，定义多位矢量数据对象。

list_of_indentifiers 数据对象列表，可以是一个或多个，举例如下：

```
wire  cout                    //定义 1 个数据对象 cout，是 1 位的 wire 类型
wire [7:0]  date              //定义 1 个数据对象 date，是 8 位的 wire 类型
wire signed [7:0]date         //定义 1 个有符号的 8 位 wire，以补码形式出现
wire vectored[7:0]bus         //定义 1 个数据对象 bus 是 8 位标量 wire 类型
wire scalared [7:0]adr        //定义 1 个数据对象 adr 是 8 位矢量 wire 类型
```

线网型数据对象的初值为 Z，对它的读操作在代码中任何位置都可使用，但对它的写操作只能在 assign 连续赋值语句中使用。

（2）线网型数据对象的标量与矢量。

定义多位线网型数据对象时，有两个关键字：vectored 与 scalared。用 vectored 定义的数据对象可以进行某一位或部分位的选择和使用；用 scalared 定义的则只能作为整体进行读写操作，默认的是 vectored。举例如下：

```
wire vectored[7:0] date      //定义一个 vectored 属性的多位线网数据对象 date
assign a=date[0]             //a 是 1 位的
assign b=date[5:3]           //b 是 3 位的
assign date[7:4] =c          //c 是 4 位的
```

寄存器型数据对象是 Verilog HDL 中最常用的数据对象之一。寄存器类型类似于 C 语言中的变量，通常用于对存储单元的描述，如 D 触发器、ROM 等。存储类型的信号在某种触发机制下分配了一个值，在分配下一个值之前保留原值。

寄存器型数据对象的描述格式为：

```
reg[signed][vectored][scalared]list_of_indentifiers
```

寄存器型数据对象的初值为 X，它的读操作在代码中任何位置都可使用，但它的写操作只能在 initial 初始化语句和 always 进程语句中，不能出现在 assign 连续赋值语句中。

存储器型数据对象其实是寄存器的组合，用来进行 ROM、RAM 等建模，大小由宽度和深度决定。

存储器型数据对象的描述格式为：

```
reg[msb1:1sb1] memory[msb2:1sb2]    //定义一个存储器型数据对象memory
                                    //[msb1:1sb1]是宽度
                                    //[msb2:1sb2]是深度
```

对存储单元的赋值必须一个个按字进行，例如：

```
reg[7:0]memory[63:0]           //定义一个宽度为8位，深度为64位的存储器数据对象
 memory[0]=8'h12               //合法
 memory=12                     //非法
```

Verilog HDL 中的参数用于预先定义一些如数据位宽、地址信息和延时情况的常量，可提高代码的可读性和可维护性。分普通参数和局部参数两种。普通参数在模块例化时可重新赋值，局部参数则不可以重新赋值。参数的更改通过 defparam 语句实现。举例如下：

```
parameter bus_width=16          //赋予参数bus_width的值为16
defparam bus_width=8            //更改参数bus_width的值为8
```

6.2.3 操作符

与传统的程序设计语言一样，在 HDL 各种表达式中的基本元素也是由各种操作符和操作数组成的。操作符就是要完成的各种运算，操作数就是运算中的数据。

Verilog HDL 一共有 7 种位运算符，&（and）、|（or）、~（not）、~&（nand）、~|（nor）、^（xor）、~^或^~（xnor）。

位运算符是 Verilog HDL 中最基本的运算符之一，用于将两个操作数逐位进行逻辑操作，如果两个操作数的位宽不同，则以 0 填充最高位。运算的结果返回相同的位宽。例如：

```
X1=2'b01;X2=2'b10;X3=2`b01;X4=4'b1010;
wire[1:0]Y1=X1&X2;              //Y1=2'b00
wire[3:0]Y2=X3|X4;              //Y2=4'b1011
```

缩减运算符与位运算符使用相同符号，可以认为是位运算的特例，其操作数只有一个，是 Verilog HDL 中比较独特的一种操作符。它对操作数中所有位进行两两位操作，得到结果再进行两两位操作，直到最后变成 1 位的操作结果。

关系运算符可简单理解为对两个操作数进行大小的比较，并把比较的结果表示出所使用的符号。关系运算符的操作数可能是多位的，但返回结果只能是 1 位的。

Verilog HDL 关系运算符一共有 4 种，>、>=、<、<=。

Verilog HDL 相等运算符一共有 4 种，==（相等）、! =（不等）、===（全等）、! ==（非全等）。其中==（相等）、! =（不等）的概念与 VHDL 一致。

由于 Verilog HDL 是 4 值系统，如果数据中有一位是 z 或 x，返回值就为 x。

Verilog HDL 提供 5 种算数运算符，分别是：+、-、*、/、%（取余）。需要注意的是，不是所有综合软件都支持除法和取余运算，同一软件版本不同，也存在差别。

Verilog HDL 拼接运算符的格式有：

格式一：{s,a,b}　　　　//将 s、a、b 位宽按前后顺序合并到一起

格式二：{2{s}}　　　　//相当于{{s}，{s}}

格式三：{2{s}，a}　　　　//相当于{{s}，{s}，a}

Verilog HDL 移位运算符一共有 4 位，分别是<<（逻辑左移）、>>（逻辑右移）、<<<（算数左移）、>>>（算数右移）。注意，Verilog HDL 移位运算符没有循环移位，可使用并置运算符实现。

Verilog HDL 条件运算符是独有的，与 C 语言类似，有三个操作数，格式如下：

```
条件表达式? 表达式 1: 表达式 2
```

如果“？”前面的表达式的值为真（1），则选择表达式 1，否则选表达式 2。

条件运算符的一个常用之处是对输入输出端口进行赋值，例如：

assign io_y(ctrl==1'b1)?date：8'hzz　　//当控制信号有效时，将数据送出，否则设置成高阻状态。

6.2.4　程序基本结构

所有的 Verilog HDL 设计都包含在模块（module）中，模块是 Verilog HDL 设计的最基本单位。模块以关键词 module 开始，以关键词 endmodule 结束。所有的设计必须包含在模块中，格式如下：

```
module 模块名称（端口列表）；          //注意结尾有分号
端口声明（端口方向，数据类型，端口名称）
寄存器声明
语句表达
endmodule                              //注意结尾无分号
```

端口列表有几种形式，比较灵活。

- 在端口列表中把所有端口信号名称写进去，含端口方向及数据类型。
- 只把所有端口信号名称写进端口列表，不含端口方向及数据类型。端口方向、数据类型、端口名称另行写出。
- 省略端口列表，一般用在 initial 语句中。

端口声明首先声明端口方向，Verilog HDL 端口方向有 3 种：input，output，inout。

寄存器声明是 Verilog HDL 语言中的规定，如定义了寄存器，则需在此声明。如果数据类型的位宽省略，则默认是 1 位。

语句表达部分是逻辑描述的主题，可以使用如下四种语句描述：

- intitial 语句；
- always 语句；
- assign 语句；
- 模块、UDP（用户自定义原语）的例化。

6.2.5 并行语句

在一个电路或系统中，可以有许多信号在不同的路径上传输，或者说，在同一时间，有若干信号在同时传输。为了适应这种描述的需要，HDL 语言中专门有一类描述这种功能的语句，叫做并行语句。它与像 C 语言那样的高级程序设计语言最大不同之处是，并行语句的执行是同时并列进行的，与书写顺序无关。这里所谓的“同时”，并不是绝对的，一方面传送可以指定时延，如果时延不同，执行的时间就不同。另一方面，几路信号可以同时传送，但同一路的信号在经过几个器件传送时，也会有先有后，也不会“同时”，因此初学者一定要从硬件的角度去理解并行语句。

并行语句主要用于数据流描述，用布尔代数表达式描述信号的传递关系。

连续赋值语句是 Verilog HDL 语句中最简单的并行语句，格式如下：

```
assign 线网型信号名=表达式;          //注意分号结尾，中间是=
```

assign 是关键词，意思是只要当等号右面表达式的值发生变化时，等号左面的信号就会立刻更新为新的值，与语句所处的位置无关。

连续赋值仅能用于线网型信号，即等号左边的信号必须是线网型信号，而等号右面的信号可以是 wire 型或 reg 型。

Verilog HDL 连续赋值语句是组合逻辑的描述方法，不会综合出锁存器等记忆元件。

连续赋值的目标类型，举例说明如下：

- 标量线网　　wire a;
- 向量线网　　wire [7:0] a;
- 向量线网的位选择　　a[1]
- 向量线网的部分位选择　　a[3:1]
- 上述类型的任意的拼接运算结果　　{3a[2],a[2:1]}

注意：多条 assign 语句可以合并到一起，assign 可以省略，用“wire 线网型信号名=表达式;”表达。

以半加器为例进行说明：

【例 6.1】　半加器的 Verilog HDL 并行描述

```
module half_adder (a,b,s,co) ; //定义实体名,
input a;                       //描述端口方向
input b;
output s;
output co;
wire c,d,e,f;                  //定义线网型信号
    assign c=~ a;              //赋值
    assign d=~ b;
    assign e= a&d;
    assign f=c&b;
    assign s=e|f;
```

```
    assignco= a&b;
endmodule
```

初始化语句（initial）一般用于仿真测试的信号赋值，产生一些特定的信号，而不用于综合设计。initial 语句在仿真中只运行一次，在仿真的 0 时刻开始执行，执行后即挂起不再执行。

Verilog HDL 进程语句（always）与 initial 语句的不同点：

① always 语句是循环执行语句；

② always 语句是可综合的；

③ always 语句必须有时序控制。

两者相同点如下：

① 都是在 0 时刻开始执行；

② 都可以有一条或多条顺序语句，格式如下：

```
always                  //注意无分号
begin
顺序语句
end
```

顺序语句只有一条时，可省略 begin-end 语句。

【例 6.2】 always 语句应用举例

```
timescale 1ns/1ns
module ex(clk_one,clk_two,sig_one,cout);
output clk_one;
output clk_two;
output sig_one;
output cout;
reg clk_one;
reg clk_two;
reg[3:0] sig_one;
reg cout;
initial
begin
    clk_one =0;                     //初始化变量
    clk_two =0;
    sig_one =0;
    cout =0;
end
always
    #1 clk_one=~clk_one;            //产生周期为 2ns 的时钟
always@(posedge clk_one)            //当 clk_one 为时钟上升沿时，再执行下面的动作，
                                    //以后再讲
begin
    clk_two=~clk_two;               //产生周期为 4ns 的时钟
end
```

```
always@(posedge clk_one)
begin
    sig_one=sig_one+1;           //实现 sig_one 的加 1 计数
end
always@(posedge sig_one)
begin
If(sig_one==4'b1111)             //sig_one   等于 16 时，产生进位信号
    cout=1;
    else
    cout=0;
end
endmodule
```

6.2.6 顺序语句

顺序语句和并行语句共同构成了 HDL 的描述语句，这是描述硬件语言的一大特点。所谓顺序描述语句就是按照语句在程序中出现的先后顺序来一步一步执行的语句。与一般程序设计语言类似，顺序语句中前一条语句的结果会影响到后一条语句执行的结果。顺序语句只是在仿真时间上相对于并行语句而言的，实际硬件运行不一定是顺序执行的。读者通过本章的学习，将会了解这一特性。

顺序语句是硬件电路行为描述方法的主要语句。

Verilog HDL 顺序赋值语句仅仅用在 initial、always 语句中赋值，它只能对 reg 型的变量赋值，表达式的右端可以是任何表达式。顺序赋值语句分阻塞赋值语句和非阻塞赋值语句，统称为过程赋值，是 Verilog HDL 中最常用和最关键的基本语句之一。阻塞顺序赋值语句建议用在组合逻辑电路中，非阻塞顺序赋值语句建议用在时序电路中，否则可能会造成仿真结果不同及电路结构不同。

Verilog HDL 阻塞顺序赋值语句中赋值符号为“=”，举例如下：

【例 6.3】 阻塞顺序赋值语句举例

```
module block_ex(
input a,                         //四路数据输入
input b,
input c,
input d,
output reg y                     //一路数据输出
);
reg temp1;
reg temp2;
always@(a,b,c,d,temp1,temp2)
    begin
    temp1=a&b;
    temp2=d^c;
    y=temp1|temp2;
    end
endmodule
```

Verilog HDL 非阻塞顺序赋值语句中赋值符号为“<=”，举例如下：

【例 6.4】　非阻塞顺序赋值语句举例

```
module block_ex(
input a,                              //四路数据输入
input b,
input c,
input d,
ouput reg y                           //一路数据输出
);
reg temp1;
reg temp2;
always@(a,b,c,d,temp1,temp2)
    begin
    temp1<=a&b;
    temp2<=d^c;
    y<=temp1|temp2;
    end
endmodule
```

阻塞式赋值语句具有影响下一条语句的作用，在同一个进程always中，一条阻塞赋值语句的执行是立刻影响着下条语句的执行情况和结果。如果该条语句没有执行完，那么下条语句不可能进入执行状态，因此，常常用于组合逻辑电路设计。举例如下：

【例 6.5】　阻塞顺序赋值语句举例

```
module For_book(clk,a,b,y);
input clk, a;
output b; reg b;
output y; reg y;
always @(posedge clk)
begin
y=a;
b=y;
end
endmodule
```

由本例可知，在执行该always进程时，先由寄存器y接收输入a的值，再由寄存器y将值赋给输出b，这两步在进程中，顺序执行，即第一步的结果对第二步产生影响。

非阻塞式赋值语句的赋值过程更好地体现了硬件电路的特点，即对进程内语句并行执行，这也就是编程时序逻辑电路时常常使用非阻塞式赋值语句的原因。举例如下：

【例 6.6】　非阻塞顺序赋值语句举例

```
module For_book(clk,a,b,y);
input clk, a;
output b; reg b;
output y; reg y;
```

```
always @(posedge clk)
begin
y<=a;
b<=y;
end
endmodule
```

由本例可知，在执行该always进程时，进程内两步并行执行，即将输入a的值赋值给寄存器y的同时，寄存器y也将y在赋值前的值并行赋给输出b。换言之，即在非阻塞式赋值方式下，进程中所有并行语句互不影响，这很好地体现了时序逻辑电路的特点，因此在编辑时序逻辑电路时，建议更多地使用非阻塞式赋值语句。

总结不同情况下对阻塞式和非阻塞式赋值方式的使用有以下几点：

① 对组合逻辑建模采用阻塞赋值；

② 对时序逻辑建模采用非阻塞赋值；

③ 尽量不要在同一个always块里面混合使用“阻塞赋值”和“非阻塞赋值”，应当使用两个always块分别对组合逻辑和时序逻辑部分进行建模。

Verilog HDL中的IF语句常常用来进行选择判断，有如下一些形式。

1）单分支IF语句格式

① IF条件表达式

```
单条顺序语句;    //单条顺序语句的情况
```

② IF条件表达式

```
begin
 多条顺序语句 1;
 多条顺序语句 2;
…
多条顺序语句 N;    //分支有两条以上顺序语句的情况
end;
```

2）两分支IF语句格式

```
 IF 条件表达式
顺序语句 1;
 ELSE
    顺序语句 2;
    …
```

3）多分支IF语句格式

```
 IF 条件表达式 1
 顺序语句 1;
 ELSE IF 条件表达式 2
         顺序语句 2;

         ---
```

```
        ELSE    顺序语句 N;
        顺序语句 N
```

【例 6.7】　IF 语句举例

```
module mux4(a, sel,qout);
input[1:0]sel,
input[3:0]a,
output reg qout,
always@(a,sel)
begin
    if(sel[00])qout=a(0);
    else if(sel[01])qout=a(1);
    else if(sel[10])qout=a(2);
    else qout=a(3);
    end
endmodule
```

条件表达式是 Verilog HDL 一种简单条件语句，语法格式为：

```
<条件>? <表达式 1>: <表达式 2>;
```

如果条件为真，则执行表达式 1，否则执行表达式 2。举二选一多路表达式如下：

【例 6.8】　二选一多路表达式

```
module ex (a,b,q,sel);
input a;
input b;
input sel;
output q;
assign q=sel?a:b;
endmodule
```

case 语句也是一种条件分支语句，是顺序语句中最重要的语句之一。它从多个可能的分支中选择一个分支进行操作。case 语句简洁清晰，可读性好，经常用来描述总线、编码器和译码器的结构。

Verilog HDL 中的 case 语句格式如下：

```
case 语句基本格式:
case(表达式)
分支项表达式 1;
顺序语句 1;
分支项表达式 2;
顺序语句 2;
…
default;                    //相当于 VHDL 中的 OTHERS
顺序语句 n;
endcase
```

【例 6.9】 case 语句举例

```
module mux4(qout,d0,d1,d2,d3,sel);
input[1:0]sel;
input d0;
input d1;
input d2;
input d3;
output qout;
reg qout;
always@(d0,d1,d2,d3,sel)
begin
case(sel)
 2'b00:qout=d0;
 2'b01:qout=d1;
 2'b10:qout=d2;
 2'b11:qout=d3;
endcase
end
endmodule
```

6.2.7 例化语句

Verilog HDL 的例化语句，是硬件描述语言用来进行结构描述的语句。所谓的结构描述，就是设计者事先设计好每个元件，然后利用这些设计好的元件来设计更复杂的电路。这种设计方法可以直接描述电路的组成和连接，通过自上而下的设计形成层次化结构，这种描述是最接近实际的硬件电路。

Verilog HDL 的例化语句使用起来相对比较简单，格式如下：

```
module_name instance_name(port_connection)
//module_name 是模块名
//instance_name 是实例化名
//port_connection 是端口连接关系，也有两种，位置映射和名称映射，其中位置映射同 VHDL，
名称映射按如下格式进行:
module_name instance_name(
. 模块名 1 (例化名 1 ),
. 模块名 2 (例化名 2 ),
. 模块名 3 (例化名 3 ),
 )
```

【例 6.10】 一位全加器的 Verilog HDL 程序

```
module adder_1bit(
input din_one,                         //第一个加数
input din_two,                         //第二个加数
input cin,                             //进位输入
output sum,                            //和输出
```

```
output cout                          //进位输出
);
assign sum= din_one^din_two^cin;     //利用连续赋值语句实现全加操作
assign cout=(din_one&din_two)|(din_two&cin)|(din_one&cin);
endmodule
```

【例 6.11】 二位全加器程序

```
module adder_2bit(
input[1:0]din_one,                   //第一个加数
input[1:0]din_two,                   //第二个加数
input cin,                           //进位输入
output[1:0]sum,                      //和输出
output cout                          //进位输出
);
wire cin_0bit;                       //低位加法进位输出
                                     //实例化 adder_1bit 实现低位加法
adder_1bit U1_low_bit(
.din_one(din_one[0]),
.din_two(din_two[0]),
.cin(cin),
.sum(sum[0]),
.cout(cin_0bit),
);
//实例化 adder_1bit 实现高位加法
adder_1bit U2_low_bit(
.din_one(din_one[1]),
.din_two(din_two[1]),
.cin(cin_0bit),
.sum(sum[1]),
.cout(cout),
);
endmodule
```

【例 6.12】 四位全加器程序

```
module adder_4bit(
input[3:0]din_one,                   //第一个加数
input[3:0]din_two,                   //第二个加数
input cin,                           //进位输入
output[3:0]sum,                      //和输出
output cout                          //进位输出
);
wire cin_0bit;                       //低位加法进位输出

//实例化 adder_1bit 实现低两位加法
adder_2bit U1_low_bit(
```

```
.din_one(din_one[1:0]),
.din_two(din_two[1:0]),
.cin(cin),
.sum(sum[1:0]),
.cout(cin_0bit)
);
//实例化 adder_1bit 实现高两位加法
adder_2bit U2_low_bit(
.din_one(din_one[3:2),
.din_two(din_two[3:2]),
.cin(cin_0bit),
.sum(sum[3:2]),
.cout(cout)
);
Endmodule
```

6.3 建模指导

本节主要介绍一些常用的组合逻辑、时序逻辑及有限状态机的设计方法。

6.3.1 常用组合逻辑的建模方法

多路选择器（MUX）可以选择多组数据的一组或几组输出，因此也被称为数据选择器。使用 HDL 语言描述多路选择器有多种方法。

对于只有两个输入端的 2 选 1 MUX,，可以简单使用条件赋值语句建模。例如：

```
assign Y=(S)?A:B        //Verilog HDL
```

对于较为复杂的 MUX，通常使用 case 语句进行建模。

编码器（encoder）和译码器（decoder）是很常见的数字逻辑器件，在二进制码、格雷码、BCD 码和数码管段码等不同码制中都有广泛应用。一般地，编码器的描述以 case 语句居多，优先编码器中则以 if 语句居多。

1）编码器（encoder）的 Verilog HDL 建模

【例 6.13】 编码器（encoder）的 Verilog HDL 建模举例

```
module encode42(A,Y);
input [3:0] A;
output[1:0] Y;
reg  [1:0] Y;
always@(A)
    case(A)
        4'b1110 :   Y = 2'b00;
        4'b1101 :   Y = 2'b01;
        4'b1011 :   Y = 2'b10;
        4'b0111 :   Y = 2'b11;
```

```
        default :   Y = 2'b00;
    endcase
endmodule
```

2）译码器（decoder）的 Verilog HDL 建模

【例 6.14】 译码器（decoder）的 Verilog HDL 建模举例

```
module decoder24(A,Y);
input  [1:0] A;
output[3:0] Y;
reg  [3:0] Y;

always@(A)
    case(A)
        2'b00   :   Y = 4'b1110;
        2'b01   :   Y = 4'b1101;
        2'b10   :   Y = 4'b1011;
        2'b11   :   Y = 4'b0111;
        default :   Y =  4’b1111;
    endcase
endmodule
```

3）优先编码器（encoder）的 Verilog HDL 建模

【例 6.15】 优先编码器（encoder）的 Verilog HDL 建模举例

```
module encorder42(A,Y,VD);
input [7:0] A;
output[2:0] Y;
output      VD;
reg   [2:0] Y;
reg         VD;
always@(A)
begin
        if  A[7]) begin  Y = 3'b111 ; VD = 1'b1; end
        else if (A[6]) begin  Y = 3'b110 ; VD = 1'b1; end
        else if (A[5]) begin  Y = 3'b101 ; VD = 1'b1; end
        else if (A[4]) begin  Y = 3'b100 ; VD = 1'b1; end
        else if (A[3]) begin  Y = 3'b011 ; VD = 1'b1; end
        else if (A[2]) begin  Y = 3'b010 ; VD = 1'b1; end
        else if (A[1]) begin  Y = 3'b001 ; VD = 1'b1; end
        else if (A[0]) begin  Y = 3'b000 ; VD = 1'b1; end
        else       begin  Y = 3'b000 ; VD = 1'b0; end
end
endmodule
```

6.3.2 常用时序逻辑的建模方法

组合逻辑电路的输出只和当前输入信号有关，而时序电路除了和当前输入信号有关外，还受到过去输入的影响，和电路原来的状态有关。

首先介绍时序电路常用的时钟信号的检测语句。

Verilog HDL 时钟信号上升沿检测语句：

```
posedge clk
```

Verilog HDL 时钟信号下降沿检测语句：

```
negedge clk
```

下面介绍几个常用时序电路的 HDL 建模方法。

（1）异步复位的 D 触发器的 Verilog HDL 建模。

D 触发器是典型的存储元件，下面是带有异步复位的 D 触发器的 HDL 建模。

【例 6.16】 带有异步复位的 D 触发器的 Verilog HDL 建模举例

```
module DFFDemo(D,Q,Qn,CLK,nRST);
input  D,CLK,nRST;
output Q,Qn;
reg Q;
assign Qn = ~Q;
always@(posedge CLK or negedge nRST)
        if(!nRST)
            Q <= 1'b0;
        else
            Q <= D;
endmodule
```

（2）计数器是标准的时序逻辑电路，在满足触发条件时完成将计数值加 1 或减 1 的功能，主要用在分频和状态转换电路中。

下面是简单的 4 位二进制计数器的 Verilog HDL 建模。

【例 6.17】 4 位二进制计数器的 Verilog HDL 建模举例

```
module m16(q,clk,rst);
input  clk,rst;
output [3:0] q;
reg    [3:0] q;
always@(posedge clk or negedge rst)
        if(!rst)
            q<= 1'b0;
        else
            q<= q + 1'b1;
endmodule
```

在一些场合下，除了 8421 码也采用 BCD 码编码计数。下面是简单的 BCD 模 10 计数器的 Verilog HDL 建模。

【例 6.18】 BCD 模 10 计数器的 Verilog HDL 建模举例

```
module m10 (q,clk,rst);
input  clk,rst;
output [3:0] q;
reg    [3:0] q;
always@(posedge clk or negedge rst)
        if(!rst)
            q <= 1'b0;
        else if(q == 4'b1001)
            q <= 4'b0000;
        else
            q <= q + 1'b1;
endmodule
```

（3）分频器与计数器非常类似，最主要的区别就是计数器的输入可以是任意的，不一定就是时钟信号。而分频器的输入一定是时钟信号，这里以 12 分频为例进行介绍。

【例 6.19】 12 分频器的 Verilog HDL 建模举例

```
modulefreq_div12(clk,div_clk);
input       clk;
output      div_clk;
reg         div_clk;
reg [7:0]   count;
parameter DIV_NUM = 16'd12;         //分频系数
always @(posedge clk)
begin
    if (count < (DIV_NUM - 1))
        begin
            count<= count + 1'b1;
            div_clk <= 1'b0;
        end
    else
        begin
           count<= 16'd0;
           div_clk <= 1'b1;
        end
end
endmodule
```

（4）有限状态机（Finite State Machine，FSM）是一种时序机，它源于人们将一个复杂问题分割成多个简单部分来处理的思想。状态机通过时钟驱动下的多个状态以及状态之间的跳转规则来实现复杂的逻辑，一旦当前的状态确定，也就明确了相关的 I/O。

状态机通常可分 Moore 和 Mealy 两种，下面给出一个简单的 Moore 有限状态机实例。

【例 6.20】 有限状态机的例子

```
module MooreFSM(clock,nrst,x,dout);
input       clock;
input       x;
input       nrst;
output      dout;
reg         dout;
reg [3:0]   next_state;
reg [3:0]   current_state;

parameter [3:0] S0 = 4'b0001,
                S1 = 4'b0010,
                S2 = 4'b0100,
                S3 = 4'b1000;

always @ (posedge clock or negedge nrst)
If(!nrst)
        current_state   <= S0;
else
        current_state   <= next_state;

always @ (current_state,x)
begin
        case (current_state)
            S0 :    begin
                        dout = 1'b0;
                        if(x)
                            next_state <= S1;
                        else
                            next_state <= S0;
                    end
            S1 :    begin
                        dout = 1'b1;
                        if(x)
                            next_state <= S2;
                        else
                            next_state <= S1;
                    end
            S2 :    begin
                        dout = 1'b1;
                        if(x)
                            next_state <= S3;
                        else
                            next_state <= S0;
```

```
                    end
            S3 :    begin
                        dout = 1'b0;
                        if(x)
                            next_state <= S0;
                        else
                            next_state <= S3;
                    end
        endcase
    end
    endmodule
```

6.4　常见的数字电路课程设计要求

6.4.1　数字钟

1. 设计要求

数字钟是常见的电子设备，设计要求如下：

（1）设计一个具有‘时’、‘分’、‘秒’的十进制数字显示（小时从00～23）计时器。

（2）具有手动校时、校分的功能。

（3）定时与闹钟功能，能在设定的时间发出闹铃声。

（4）能进行整点报时，要求发出仿中央人民广播电台的整点报时信号，也可以播放设计的音乐。

（5）可以继续扩展功能，比如带秒表，或者万年历（需考虑闰年）。

（6）尽量把各种功能整合，不要使用过多的开关。

（7）显示用数码管，扩展采用Lcd1602显示。

（8）可以带18b20数字温度传感器，带有测温功能。

2. 设计分析及系统方案设计

1）数字钟的基本功能

数字钟小时、分钟、秒钟的显示。在模式0状态下：由系统提供的50MHz晶振，通过模为50MHz的分频器，得到一个秒脉冲，再通过一个模60计数器，可以得到一个分钟脉冲，再将分钟脉冲通过一个模60计数器，得到一个小时脉冲，再通过一个模24计数器，计算当前时钟时间，最后将三个计数器得到的数值经过显示译码器让数码管显示。

2）数字钟清零和保持功能

通过两个开关，分别控制数字钟的清零端和使能端。其中清零端是低电平有效，使能端是高电平有效。清零端为低电平时，数字钟小时、分钟、秒钟都清零；为高电平时，看使能端的高低电平。使能端为高电平时，数字钟正常工作，使能端为低电平时，数字钟保持不动。

3）整点提示功能

数字钟到达整点时，LED闪烁。在数字钟模式0状态（正常显示状态）下，当到达整点时，计数器会给出一个提示信号，这时两个LED就会按秒脉冲的频率来回闪烁。

4）数字钟调时功能

通过按键进行调整小时、分钟和秒的时间。在数字钟模式 1 状态下，将 3 个按键的电平取反，然后每检测到一个上升沿，就将当前时间加 1，从而实现对小时、分钟和秒的时间的调整。

5）闹钟功能

当闹钟开关打开时，如果当前时间和闹钟设定时间一致，LED 闪烁。在数字钟模式 2 状态下，仍然通过之前的两个按键对闹钟的小时和分钟进行调整，再通过一个闹钟开关按钮控制闹钟的打开和关闭。当闹钟开关打开时，将当前时间和闹钟设定时间比较，如果相同，则两个 LED 以秒脉冲的频率闪烁。

6）模式选择功能

通过按键实现数字钟各个功能的转换。设计一个模 4 的计数器，每到按键的一个下降沿时，计数器加 1，完成状态转换，同时由两个 LED 提示当前状态。模式 0 状态时，两个 LED 均不亮，此时为正常显示功能；模式 1 状态时，LED0 亮，LED1 不亮，此时为按键调整功能；模式 2 状态时，LED0 不亮，LED1 亮，此时为闹钟设定功能；模式 3 状态时，LED0 亮，LED1 亮，此时为倒计时功能。

6.4.2 电子密码锁

设计一个多位密码锁，尽量用 0～9 十个数字为密码，可以考虑采用外置小键盘，也可以用 PS/2 键盘，这样就可以使用字母或者数字的组合为密码。

该密码锁具有功能指示，可使用数码管或者 LCD1602 显示密码锁的不同状态，便于使用和调试。

密码锁内部设置有初始密码，此密码在录入正确密码后可以重新设定，并立刻保存为用户密码。

当用户录入的密码与内置的密码一致时，密码锁打开，可以自行增加多媒体效果，比如指定声音或者 LED 特殊显示。

如果密码输入失败 3 次，密码锁锁定功能，并有语音或者图形等特殊效果提示。

增加其他功能，比如增加门铃功能，在客人到访时可以按门铃播放一段时间的音乐，提示主人有人来访。

6.4.3 电梯控制器

每层电梯入口处设有上下请求开关，电梯内设有乘客到达层次的停站请求开关。

设有电梯所处位置指示装置及电梯运行模式（上升或下降）指示装置。

电梯每秒升（降）一层楼，电梯到达有停站请求的楼层后，经过 1 秒电梯门打开，开门指示灯亮，开门 4 秒后，电梯门关闭（电梯指示灯灭），电梯继续运行，直至执行完最后一个请求信号后停在当前层。

电梯运行规则：当电梯处于上升模式时，只响应比电梯所在位置高的上楼请求信号，由下而上逐个执行，直到最后一个上楼请求执行完毕；如更高层有下楼请求，则直接升到有下楼请求的最高层接客，然后便进入下降模式。当电梯处于下降模式时其运行规则与上升模式相反。

电梯为初始状态时第一层开门。当电梯外的按键或者使用者进入电梯内部之后，按动需要到达的楼层，电梯开始运转，电梯到达各层时有语音提示。如果电梯里使用者超重，有故

障报警提示。

一般简单的电梯按三层开始设计，可以根据情况选择更多层的设计。

可以考虑使用电动机带动电梯模型，以及传感器标定位置。

6.4.4 自动售货机控制系统

1. 设计要求

设计一个自动售货机控制系统。该系统能完成自身的复位、对货物信息的存储、进程控制、硬币处理、余额计算、显示等功能。

a. 机器只接受1元硬币和5角硬币。

b. 机器共提供4种货物，价格分别为2元、2元、1.5元、1.5元（可通过调整代码改变每种货物的单价）。

c. 顾客先选择需要的一种商品，在确认所选货物后，进入投币状态。当顾客选择的货物售完时，在顾客确认货物之时，提示顾客货物卖光，并返回初始状态（顾客确认货物时，需提供确认选择和重新选择两个选项）。

d. 若等待30s，顾客不投币，则返回初始状态；顾客投币后，系统自动计算所投钱币。若投币够，则出货找零。若自客户确认货物之后30s，投币不够，则退币并返回初始状态。也可在投币完成时按投币完成按钮快速进入计算钱币状态以及后续状态。

2. 设计分析及系统方案设计

本系统主要运用有限状态机的方法，共设有初始化状态、选择货物、确认选择、判断是否售完、是否在30s内投币、投币金额是否足够、是否需要找零、确认找零、出货九个状态，各状态描述表如下：

状态	S0	S1	S2	S3	S4	S5	S6	S7	S8
状态描述	初始化状态	选择货物	确认选择	判断是否售完	是否在30s内投币	投币金额是否足够	是否需要找零	确认找零	出货

九个状态在经过50MHz系统时钟分频出的1Hz时钟的不停查询下完成状态转换。S0状态对除货物数量存储模块之外的寄存器型变量进行清零并转至S1状态；在S1状态下，通过开关选择货物种类并转至S2状态；在S2状态下，可确认所选货物并进入S3状态，也可取消所选货物回到S0状态；在S3状态下，系统自动判断用户所选货物是否售完，若未售完则进入S4状态，并开启30s计时器，反之，则回到S0状态；在S4状态下，若30s内投币完成，可通过投币完成按键进入S5状态，也可等待至30s结束系统自动转换至S5状态；若未投币则返回S0状态；在S5状态下，系统自动计算投币金额是否足够，若足够则提供一个出货使能信号，否则不提供出货使能信号，接着系统进入S6状态；在S6状态下，若需找零则进入S7状态，否则直接进入S8状态；在S7状态中，进行找零，然后转至S8状态；在S8状态下，根据出货使能信号以及所选货物信号进行出货，最后回到初始化状态。

6.4.5 基于温度传感器18B20的温控电脑散热风扇系统设计

1. 设计要求

拟设计一个利用FPGA控制的基于温度传感器18B20的温控电脑散热风扇系统。基本设计任务如下：

按键调节 PWM，输出 4 个档位风速的风；温度传感器采集温度，通过温度值智能调控风速；设计 LCD 显示模块，将采集温度值进行显示，显示温度值精确到 0.1 度；设计时钟模块，对秒、分、时进行计时；可手动校时、整点报时，并将时间用 LCD 显示。

附加设计任务：设计呼吸灯模块，产生呼吸效果；设计过温报警模块，在采集温度值高于 25 度时发出警报。

2. 设计分析及系统方案设计

1）时钟模块

系统中所用时钟信号为系统板上 50MHz 晶振产生的时钟信号。对该时钟信号 50MHz 分频可得到所需的秒时钟信号以及相应的分时钟、小时时钟信号，分别利用模 60 与模 24 计数器实现秒计数、分计数、小时计数。

使用按键调整状态转换，实现在计时状态与校时状态之间的转换。在计时状态，时钟正常计时；在校时状态，使用按键调整时间的各个位以切换控制信号，另用加数控制键控制 6 种状态的切换，实现对小时、分、秒的十位和个位的加数，从而完成对时钟的校准工作。

2）测温模块

采用 12 位 DS18B20 模块测量环境温度，DS18B20 与 FPGA 的通信为单线通信，通信只在一根数据传输线上进行，并没有时钟信号。所以在读入或写入一位数据后，要通过特定时长的延时，来作为下次数据传输的开始信号。其具体控制时序如下：

初始化：

① 将数据线置高；

② 延时；

③ 将数据线置低；

④ 延时（480～960μs）；

⑤ 数据线置高；

⑥ 延时等待（在 15～60μs 间，18B20 将返回一个 0）；

⑦ 读到 0 后延时 480μs；

⑧ 数据线拉高。

写时序：

① 数据线置低；

② 延时 15μs；

③ 发送一位数据；

④ 延时 45μs；

⑤ 数据线拉高；

⑥ 重复发送；

⑦ 数据线拉高。

读时序：

① 数据线拉高；

② 延时 2μs；

③ 数据线拉低；

④ 延时 3μs；

⑤ 数据线拉高；

⑥ 延时 5μs；

⑦ 读数据线状态得到状态位；

⑧ 延时 60μs。

用一个 16 位变量接收温度测量数据，并利用译码器将后 12 位转换成 ASCII 码输出至 LCD。

3）PWM 调控模块

通过 PWM 调节完成对风速的调节，这在该系统中可以设计两种 PWM 的调节方法：

（1）手动调节：利用按键作为控制信号，改变输出 PWM 波形占空比，设置四个档位，实现占空比从 0%变化到 75%时的风速调节变化。

（2）自动调节：利用测得的温度信号，判断当前温度值，在不同的温度下对 PWM 输出不同的档位，实现对 PWM 输出的智能调节。

（3）模式切换控制：设计按键实现在手动调节和自动调节模式之间的转换。

4）警报模块

（1）整点报时：判断时钟分位计数值，当计数值达到 59 时，在 55～59 秒之间，让 LED 闪烁，起到报时功能。

（2）过温警报：比较当前温度值与预设值，当前温度超过预设值时，LED 闪烁，实现过温警报。

5）呼吸灯模块

因为该系统设计的是计算机散热风扇，对机械外观没有太高要求，但该系统需要增加呼吸灯模块，增加其酷炫的效果。呼吸灯的原理为变占空比的 PWM 波形的调控，与 PWM 输出类似，故不详细介绍。可添加拨码作为呼吸灯模块的开关。

以上题目只是一些设计要求，设计时可以自拟题目完成设计。

第7章　Quartus II6.0 软件的使用

Quartus II 是原 Altera 公司的综合性 CPLD/FPGA 开发平台，具有原理图、VHDL、Verilog HDL 以及 AHDL（Altera Hardware Description Language）等多种设计输入形式，内嵌自有的综合器以及仿真器，可以完成从设计输入到硬件配置的完整 PLD 设计流程。Quartus II 可以在 Windows、Linux 以及 UNIX 上使用，除可以使用脚本完成设计流程外，还提供了完善的用户图形界面设计方式。具有运行速度快、界面统一、功能集中、易学易用等特点。Quartus II 支持 Altera 的 IP 核，包含了 LPM/MegaFunction 宏功能模块库，使用户可以充分利用成熟的模块，简化了设计的复杂性、加快了设计速度。对第三方 EDA 工具的良好支持也使用户可以在设计流程的各个阶段使用熟悉的第三方 EDA 工具。此外，Quartus II 通过和 DSP Builder 工具与 MATLAB/Simulink 相结合，可以方便地实现各种 DSP 应用系统设计；支持 Altera 的片上可编程系统（SOPC）的开发，集系统级设计、嵌入式软件开发、可编程逻辑设计于一体，是一种综合性的开发平台。

Altera Quartus II 作为一种可编程逻辑的设计环境，由于其强大的设计能力和直观易用的接口，越来越受到数字系统设计者的欢迎。

Quartus II 提供了完全集成的、且与电路结构无关的开发包环境，具有数字逻辑设计的全部特性，包括如下功能：可利用原理图、结构框图、VerilogHDL、AHDL 和 VHDL 完成电路描述，并将其保存为设计实体文件；进行芯片（电路）平面布局连线编辑；用 LogicLock 增量设计方法，用户可建立并优化系统，然后添加对原始系统的性能影响较小或无影响的后续模块；具有功能强大的逻辑综合工具；具有完备的电路功能仿真与时序逻辑仿真工具；可进行定时/时序分析与关键路径延时分析；使用 SignalTap II 逻辑分析工具进行嵌入式的逻辑分析；支持软件源文件的添加和创建，并将它们链接起来生成编程文件；使用组合编译方式可一次完成整体设计流程；能自动定位编译错误；具有高效的期间编程与验证工具；可读入标准的 EDIF 网表文件、VHDL 网表文件和 Verilog 网表文件。

Quartus II 的使用包括新建项目、编辑设计文件、编译、分配引脚、仿真和编程下载等几个步骤。QuartusII 是按照项目进行管理的，一般一个项目都放在一个文件夹内，在起名时尽量不要用中文。编译工程是找错误的过程，如果有错误需要进行调整。一般地，为保证设计的正确性，在编译后还需要做仿真验证，然后下载至硬件，有两种仿真方式：功能仿真和时序仿真。

设计文件现在常见的是 VHDL 和 Verilog HDL 两种国际标准，使用流程是类似的。再有就是使用的器件，Altera 公司，包括现在的 Intel 公司有很多种可编程逻辑器件可以使用，对于初学者来说，使用起来区别不大。下载方式跟下载器有关，需要注意配套的硬件资源，选择合适的下载文件类型使用。下面以异或门为例介绍其使用流程。

7.1　新建项目

QuartusII 软件是按照项目进行管理的，一般一个项目的所有文件都在一个文件夹里，所

以有必要先建一个项目和对应的文件夹。注意，由于 QuartusII 软件不能把整个盘当作数据库，所以项目必须要放到文件夹里，而且最好不要用中文起名字。新建项目的步骤如下所述。

（1）打开 QuartusII，其界面如图 7.1 所示。

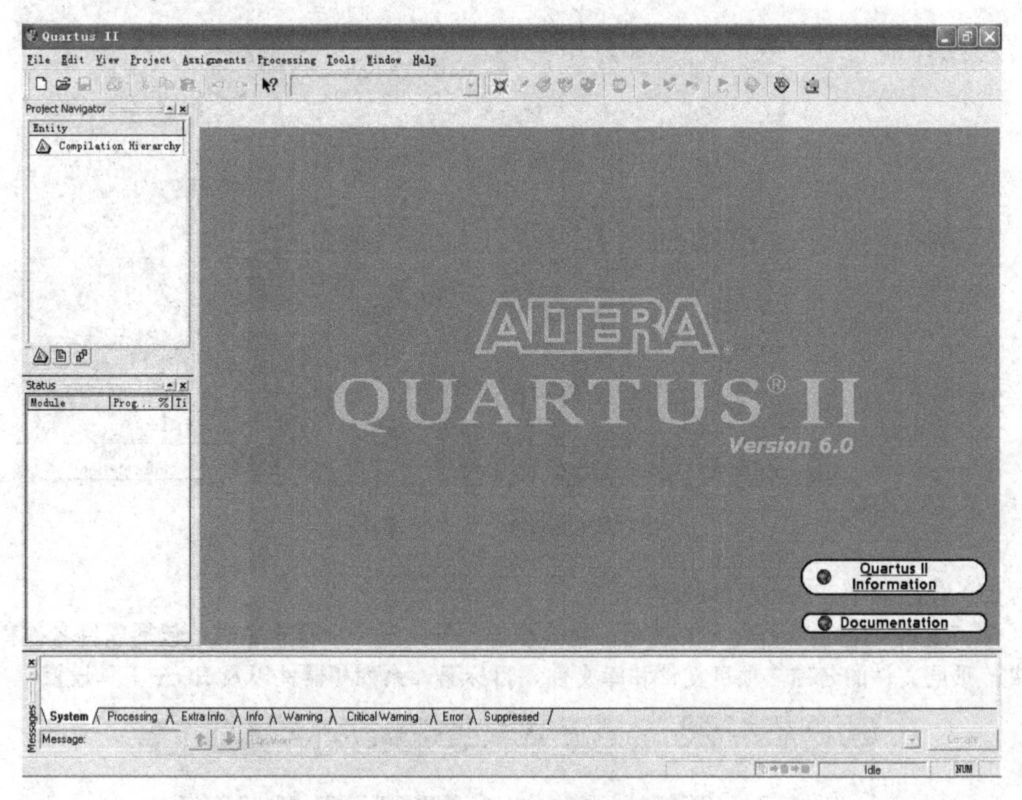

图 7.1　Quartus II 打开后的初始界面

当然，和一般的基于 Windows 的应用程序相类似，图 7.1 所示的 QuartusII 打开后的初始界面最上面一行是标题栏，显示的是该软件名称和控制菜单。第二行是常用的菜单栏，包括 File、Edit、Windows 以及 Help 菜单等。由于 QuartusII 软件平台功能较多，可以处理多种类型的文件，在打开不同的文件时，菜单栏的项目以及对应的子菜单会有相应的改变，请注意这些区别，这里就不一一列举了。菜单栏下方是常用的一些功能，用图标显示，便于直接单击使用，这些被称作工具栏。最下面一行是状态栏，常常用来显示提示信息。中间的右侧部分就是用来进行设计的主要区域，中间的左侧部分用来显示项目的组成架构和关系以及一些编辑信息等。

对于 Quartus II 软件来说，使用某一个功能可以使用菜单项来完成，也可以使用工具栏进行操作，有的还有鼠标右键菜单可以使用，或者键盘的快捷键，本章介绍的时候尽量用较为便捷的方法实现，使用者可以根据自己的偏好使用自己喜欢的方法。

（2）单击 File 菜单中的第四行 New Project Wizard 项新建项目（见图 7.2）。

单击鼠标之后会出现一个向导引导使用者完成下一个步骤，最终生成一个项目文件。当然，这里需要说明的是在建立过项目之后，如果下次使用不用再次新建，只需要使用 File 菜单中的第五行 Open Project 就可以打开相应的项目文件了。

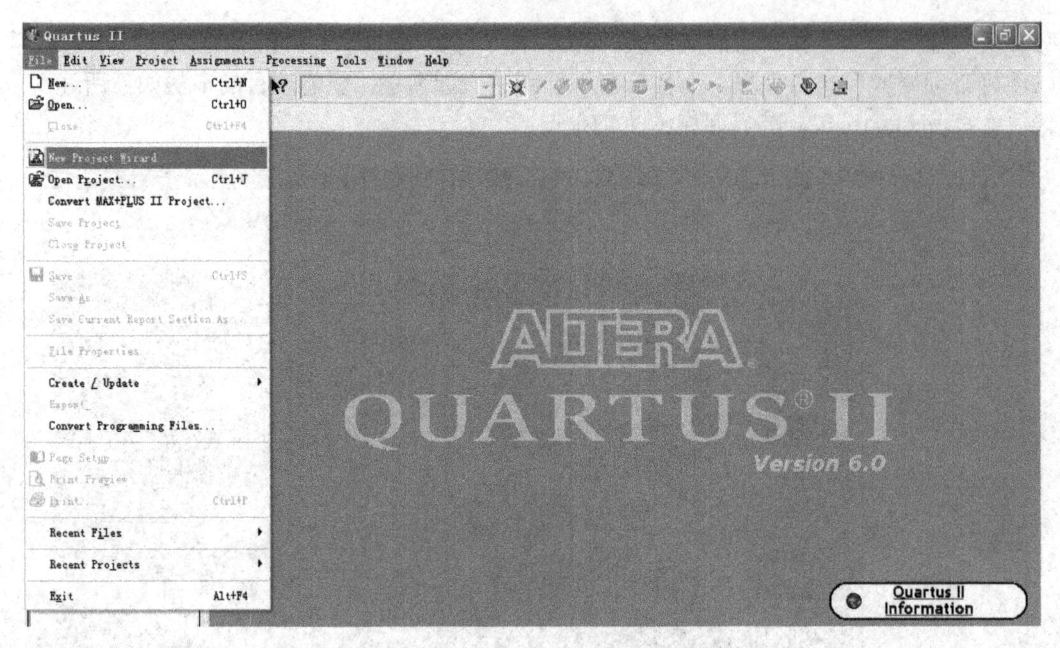

图 7.2　File 菜单中的新建项目

（3）使用向导完成新项目的建立。

图 7.3 是创建新项目向导的说明，它介绍该向导由五个步骤来完成，包括项目名称和文件夹，顶层文件的名称，项目文件和库文件，目标器件系列和器件以及 EDA 工具设置。

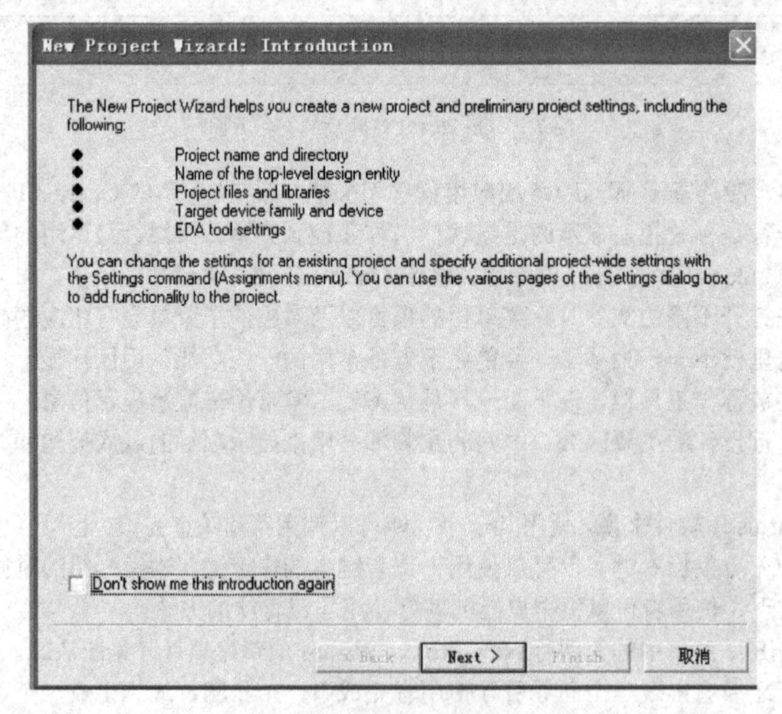

图 7.3　创建新项目向导的说明

（4）单击 Next 继续，选择 project（项目）工作文件夹以及 project 名称和 project 顶层文

件名，如图 7.4 所示。

注意，项目名称应该符合 Verilog HDL 的标识符起名规则，应该用字母或者下画线起始，后面可以跟字母、数字和下画线，千万不要用数字起始起名字，更不能用纯数字起名字。

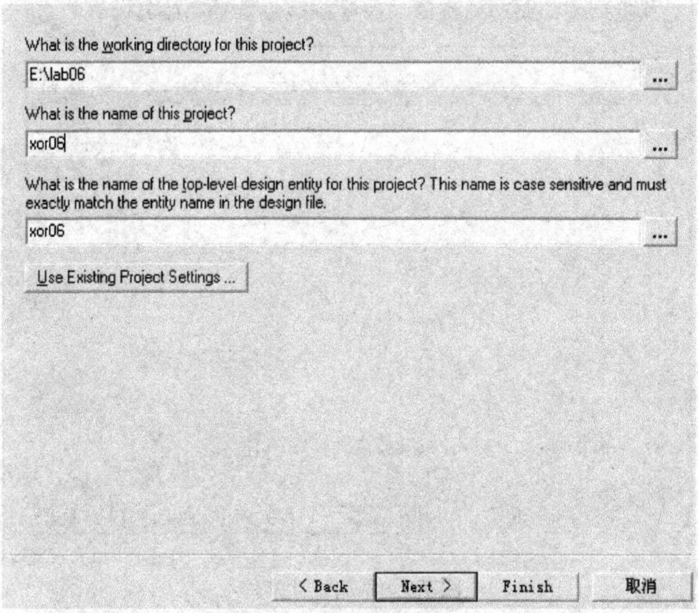

What is the working directory for this project?
E:\lab06
What is the name of this project?
xor06
What is the name of the top-level design entity for this project? This name is case sensitive and must exactly match the entity name in the design file.
xor06
Use Existing Project Settings ...
< Back
Next >
Finish
取消

图 7.4 设置项目工作文件夹、项目名称和项目顶层文件名称

（5）确认新建文件夹。如果上面写的文件夹不存在，需要确认，然后就会新建一个该名称的文件夹，如图 7.5 所示。

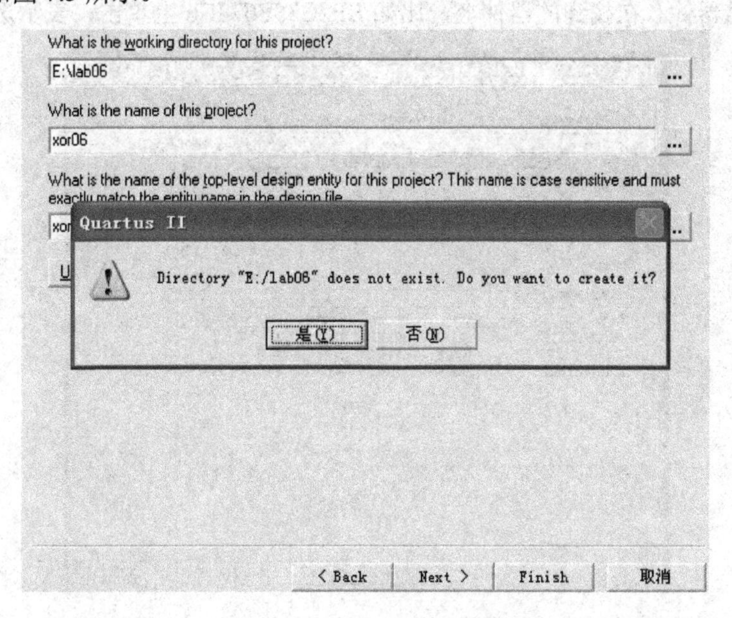

图 7.5 确认新建文件夹

（6）单击 Next 继续，添加设计文件。如果在设计本项目之前有过一些设计文件了，请将

设计文件复制到文件夹里，并在图 7.6 所示对话框中通过 Add All 键添加。如果在设计本项目之前没有过设计文件，这里就可以忽略，单击 Next 继续，进行下一个步骤。

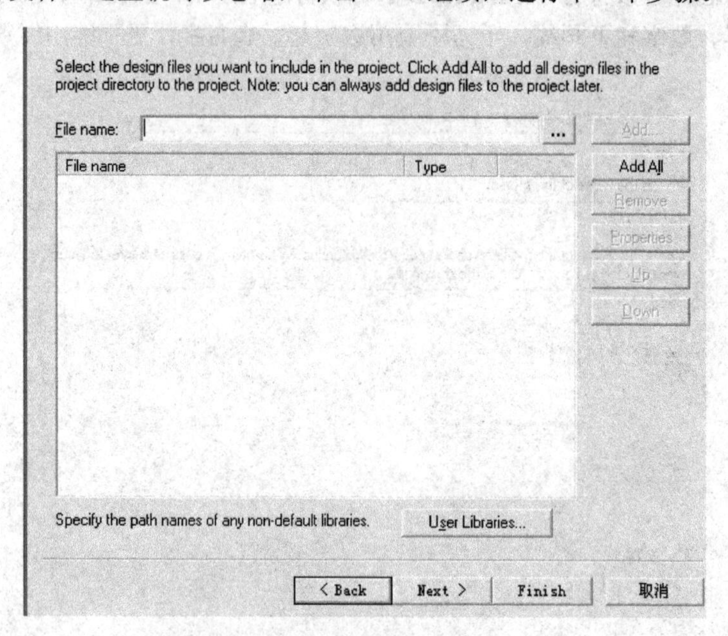

图 7.6　添加设计文件

（7）选择目标芯片的型号。首先在左上角选择 Family，注意下方的 Target device，最好选择其中第二行进行设置，否则后面分配引脚的时候不能设计。由于每个 Family 的器件较多，可以通过右侧的限制项进行限制，如图 7.7 所示，满足一定条件的器件就不是很多了，可以方便地找到所需器件。在找到的器件上，比如 EP2C35F672C6 上单击，表示选中该器件。

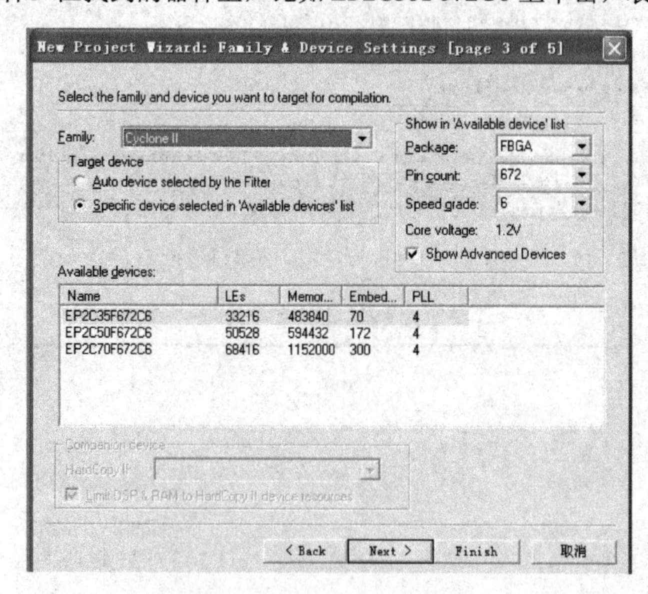

图 7.7　选择目标芯片的型号

（8）单击 Next 继续，选择 EDA 工具。早期的 QuartusII 版本内嵌了一些分析、仿真和综

合工具，这里可以不选，较新的版本中由于没有内嵌仿真工具，需要在图 7.8 所示对话框中指定外部的仿真工具。

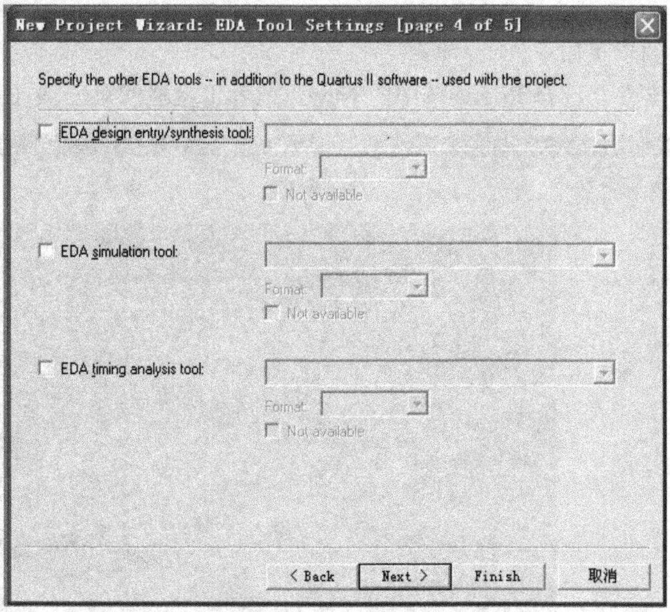

New Project Wizard: EDA Tool Settings [page 4 of 5]

Specify the other EDA tools -- in addition to the Quartus II software -- used with the project.

EDA design entry/synthesis tool: Format: Not available

EDA simulation tool: Format: Not available

EDA timing analysis tool: Format: Not available

< Back Next > Finish 取消

图 7.8 选择 EDA 工具

（9）单击 Next 继续，完成设计向导，如图 7.9 所示。

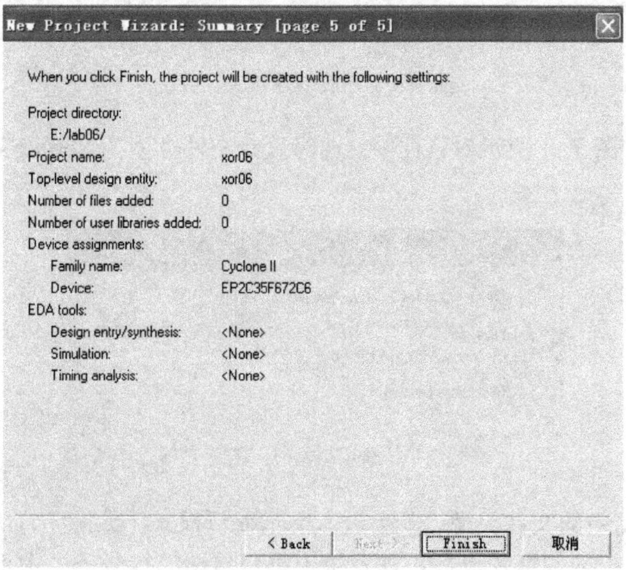

New Project Wizard: Summary [page 5 of 5]

When you click Finish, the project will be created with the following settings:

Project directory:
E:/lab06/
Project name: xor06
Top-level design entity: xor06
Number of files added: 0
Number of user libraries added: 0
Device assignments:
Family name: Cyclone II
Device: EP2C35F672C6
EDA tools:
Design entry/synthesis: <None>
Simulation: <None>
Timing analysis: <None>

< Back Next > Finish 取消

图 7.9 完成设计向导

至此，一个新的项目就建好了。在对应的文件夹中有一个扩展名为 qpf 的项目文件，一个扩展名为 qsf 的符号文件，以及一个辅助文件夹。

7.2 编辑设计文件

编辑设计文件的步骤如下。

（1）新建设计文件，选择 File 菜单中的 New，或者工具栏的第一项（见图 7.10）。

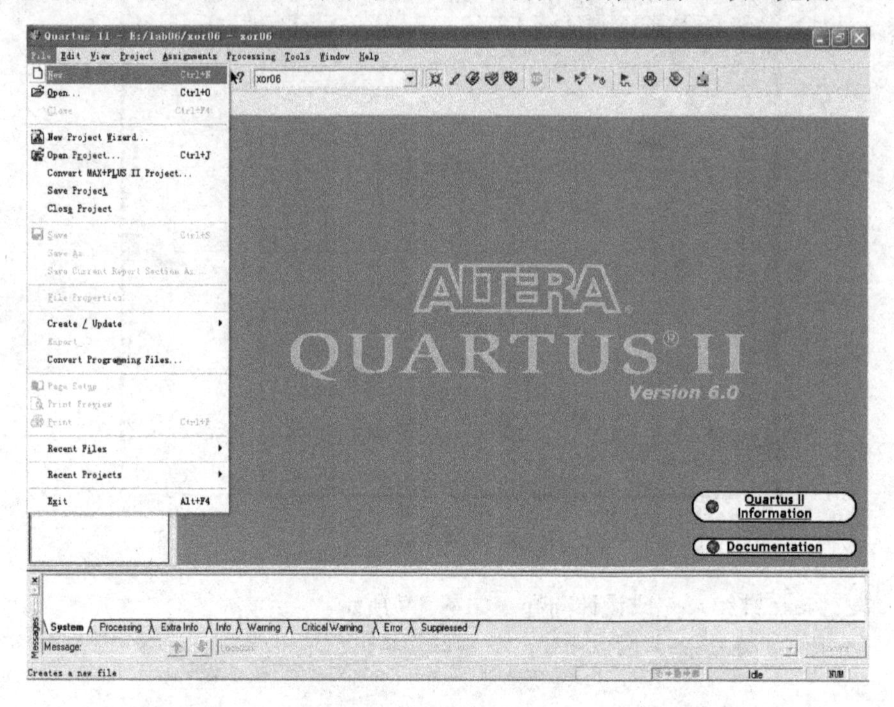

图 7.10　选择新建设计文件

（2）在出现的如图 7.11 所示对话框中，选择设计文件类型为 Verilog HDL File，注意对应的文件扩展名为.V。

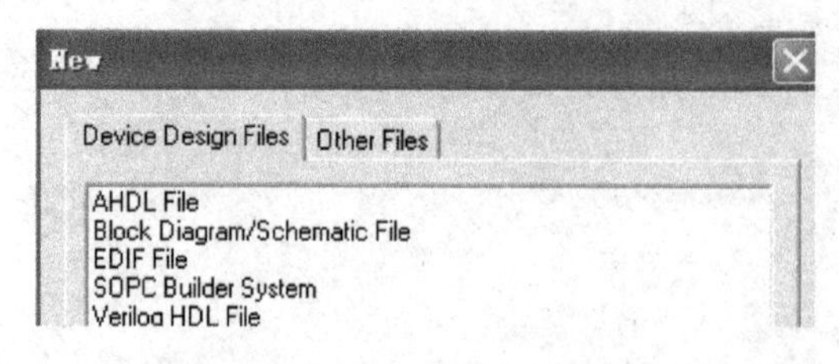

图 7.11　选择 Verilog HDL File

（3）确认图 7.11 中的文件类型，就会进入文本编辑模式，如图 7.12 所示。

在图 7.12 中会出现闪烁的光标，以及用于编程提示的行号等。由于在默认的设置中，Verilog HDL 的保留字是蓝色的，所以在编程中如果保留字不是蓝色的就提示书写错了。注意 Verilog HDL 中的保留字一般是小写字母。新建的文件名是系统起的默认名，先保存为向导中的名字。

异或门是组合逻辑电路，在 Verilog HDL 中有很多种设计组合逻辑电路的方法。下面对于一个组合逻辑电路给出几种设计实例。

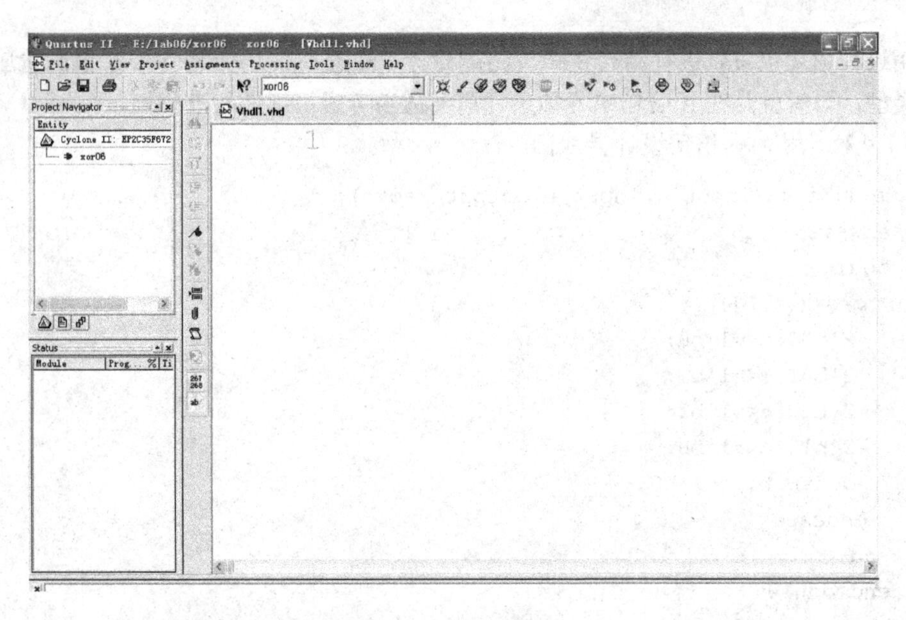

图 7.12 文本编辑模式

【例 7.1】 用逻辑运算符设计异或门

```
module exm01(input a,input b,output c);
  assign c=a^b;
endmodule
```

对于组合逻辑电路来说，如果能写出逻辑表达式，利用 Verilog HDL 中的逻辑运算符配合括号调整优先级别，就可以完成设计了。例 7.1 使用了这种方法。

【例 7.2】 用门电路原语设计异或门

```
module exm02(input a,input b,output c);
 xor(c,a,b);
endmodule
```

如果对于数字电路的基本组成单元门电路比较熟悉，也可以考虑使用门电路进行设计。在 Verilog HDL 中提供了若干种不同类型的门电路原语可以用来进行电路设计，例 7.2 使用了异或门电路的原语。

【例 7.3】 用 if 语句设计异或门

```
module exm03(input a,input b,output reg c);
always@(a,b)
begin
  if(a==b)
     c<=1'b0;
  else
     c<=1'b1;
end
endmodule
```

使用过程语句也可以进行组合逻辑电路的设计，注意在 always 语句中赋值的量应该是变量数据类型，再有就是在 if 语句中各种条件需要适当考虑可读性和准确性。

【例 7.4】 用 case 语句设计异或门

```
module xx(input a,input b,output reg c);
always@(a,b)
begin
  case({a,b})
   2'b00:c<=1'b0;
   2'b01:c<=1'b1;
   2'b10:c<=1'b1;
   2'b11:c<=1'b0;
   default:c<=1'b0;
  endcase
end
endmodule
```

在过程赋值语句中也可以使用 case 语句，例 7.4 采用了这种方法。以上几种方法都可以实现一个异或门电路，设计时可以权衡考虑选择哪一种方法。

（4）存盘，选择 file 菜单中的 save 项，或者工具栏相应选项，如图 7.13 所示。

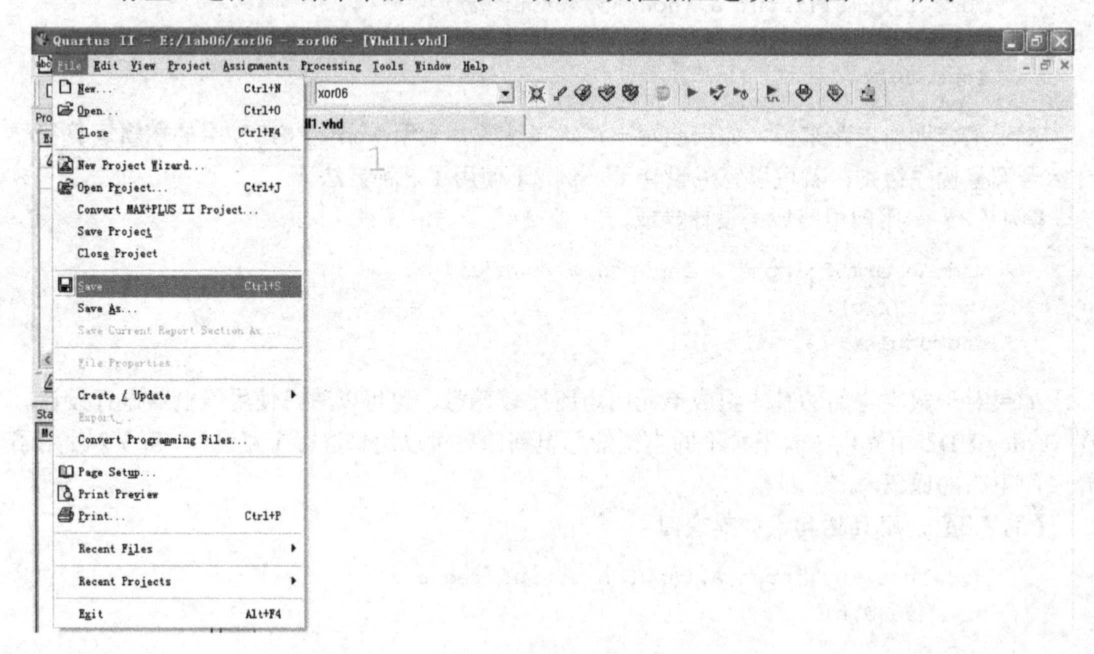

图 7.13 存盘

（5）保存时不改变默认文件名，保存类型选择 Verilog（*.v）。注意不要存成 VHDL 等类型。

（6）考虑到使用者使用方便，可以选择 Tools 菜单中的 Options 项进行字体的设置。选择 Tools 菜单中的 Options 项，进行设置调整，如图 7.14 所示。

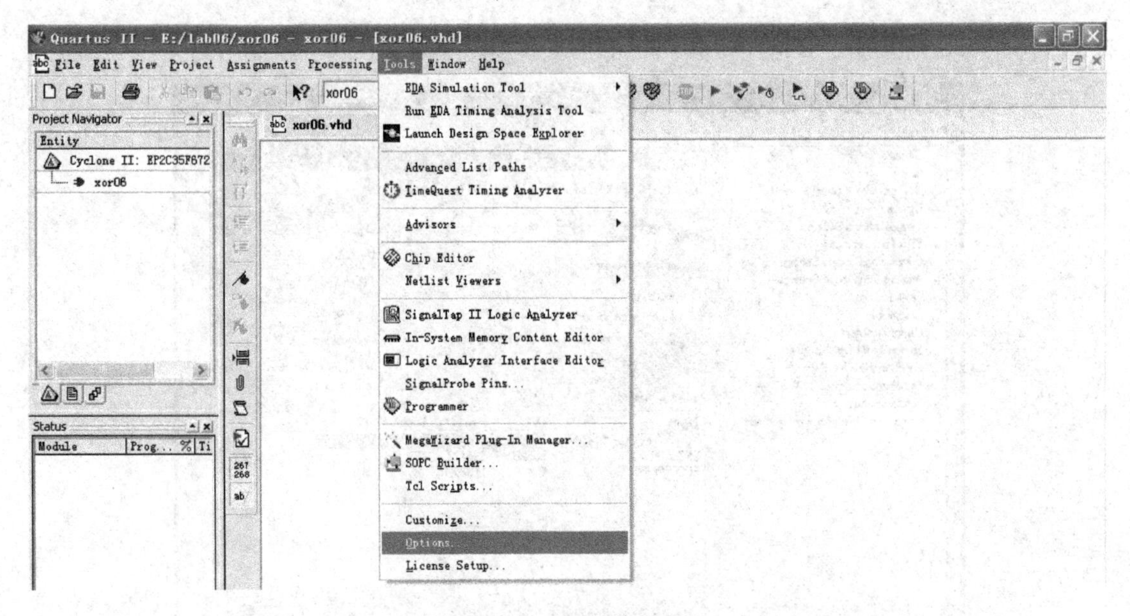

图 7.14　进行字体设置

（7）选择 Text Editor 中的 Text，修改字体、字号和风格，如图 7.15 所示。

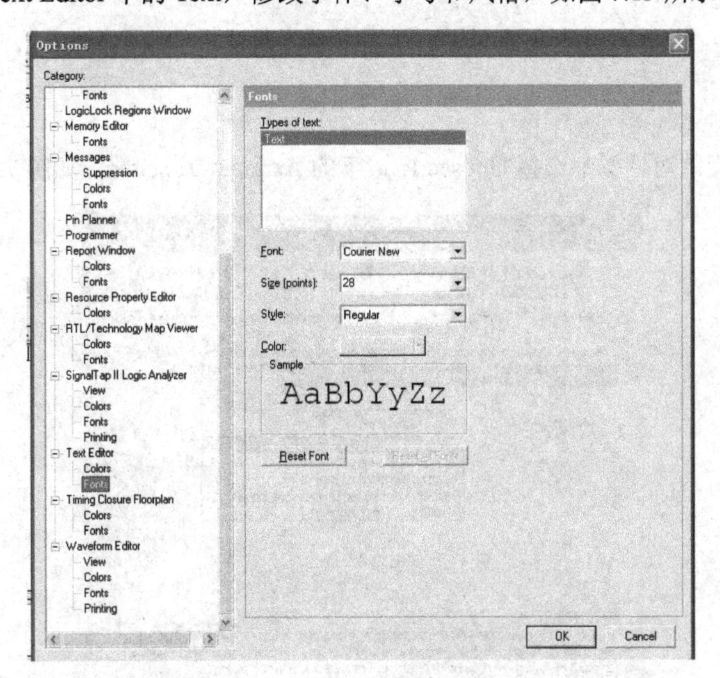

图 7.15　修改字体、字号和风格

（8）完成了上述操作，就可以在图 7.12 所示的界面中编写设计.V 文件了。编程时要注意编程风格，尽量不要让所有的代码都左对齐，良好的编程风格易于查找错误和分析代码。

（9）在进行后面的编译等工作前，还要对未使用的引脚进行处理。一般来说，FPGA 的引脚较多，不使用时可以考虑接地，但是开发板上不用的引脚已经接了器件，需要适当处理。选择 Assignments 菜单中的 Device 项后，显示界面如图 7.16 所示。

（10）图 7.16 中有一个 Device & Pin Options 按钮，单击该按钮。

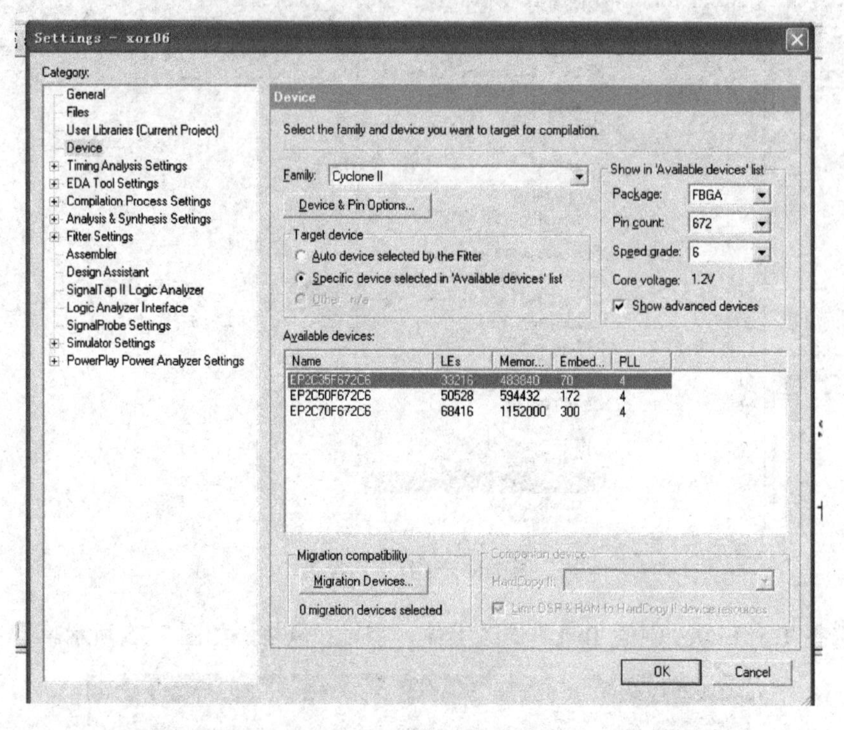

图 7.16　Device 项

（11）在出现的对话框中选择 Unused Pins 下的 As input tri-stated，如图 7.17 所示。

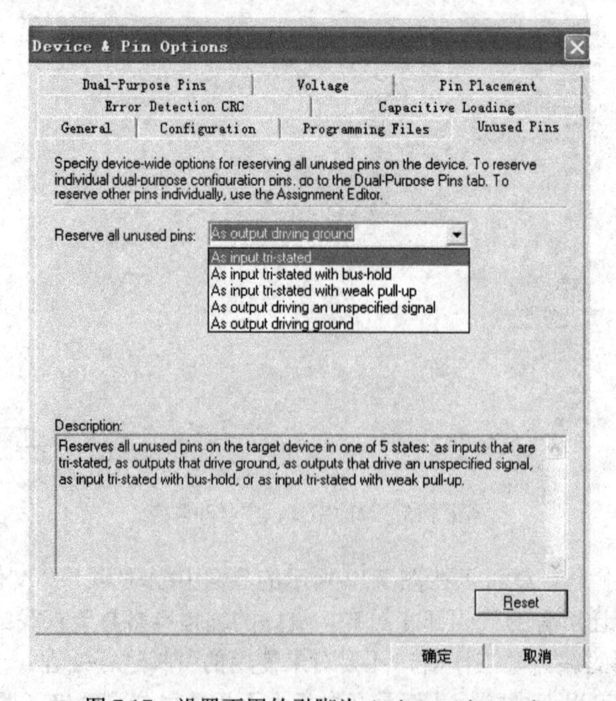

图 7.17　设置不用的引脚为 As input tri-stated

7.3 编译

编写的设计文件有可能存在各种语法错误，需要进行语法检查，而且要把设计者的设计任务转化为可综合的数字电路，就要进行编译和综合等工作，这里简称为编译。

（1）选择工具栏中的开始编译（Start Compilation）。

（2）编译过程如图 7.18 所示，如果有语法错误会停止编译，需要使用者修正语法错误，然后再编译。一般来说，检查语法错误要从第一个错误起，双击软件给出的提示，跳转到对应的行上进行检查。但是有些提示不是很具体，或者提示的位置稍有偏差，需要使用者有一定的经验和技巧，多使用多练习才能较好地掌握查错技能。

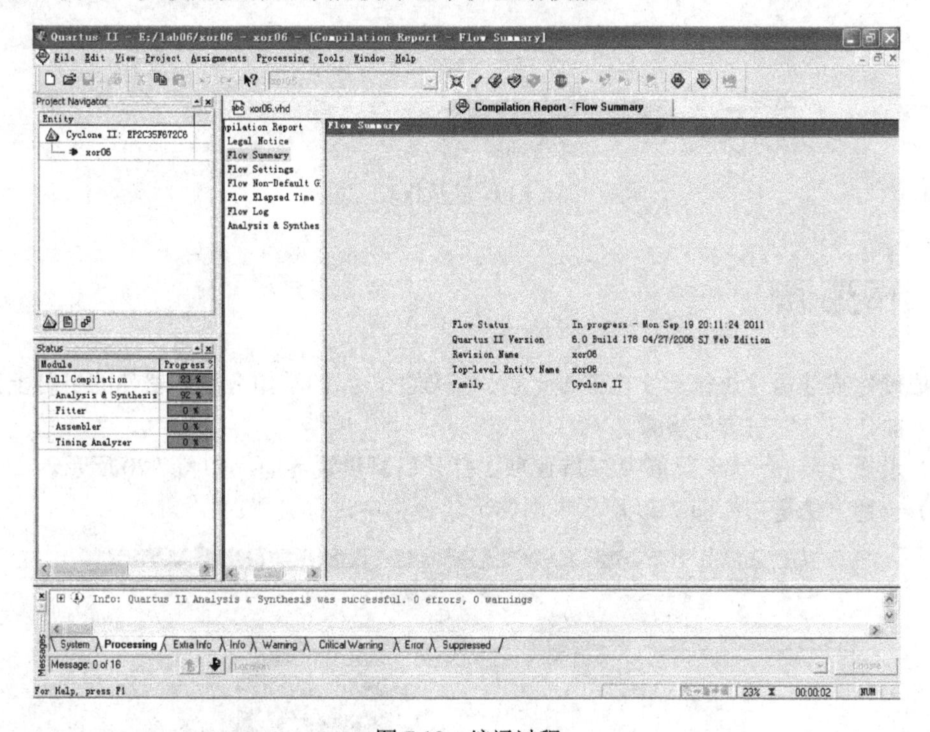

图 7.18 编译过程

（3）排除了各种语法错误之后，编译完成，生成报表，如图 7.19 所示。

在图 7.19 中，显示了经过软件优化之后所使用的逻辑单元数量，输入输出引脚数量，使用的器件类型以及其他资源信息，使用者可以参考。

其实语法检查只是设计验证的一个环节，语法没有错误不见得就是设计正确的，也需要进行验证，这里有两种不同的方法可以选择使用。一种是利用仿真工具进行理论分析，从理论上检验设计文件的正确性。当然，仿真是一种理论分析工具，也需要使用者合理设置仿真的各种条件和状态，同时也得了解各种输出产生的正确结果应该是什么样的。特别需要指明的是，有一些物理过程用仿真的方式反而不好分析，比如液晶的输出用眼观察很直观，仿真反而复杂，这时候就要采用另外一种方式来验证设计结果，这就是直接进行硬件实验，直接通过物理现象进行观察。这两种方法要合理选择，正确使用才能高效率地进行设计和分析。

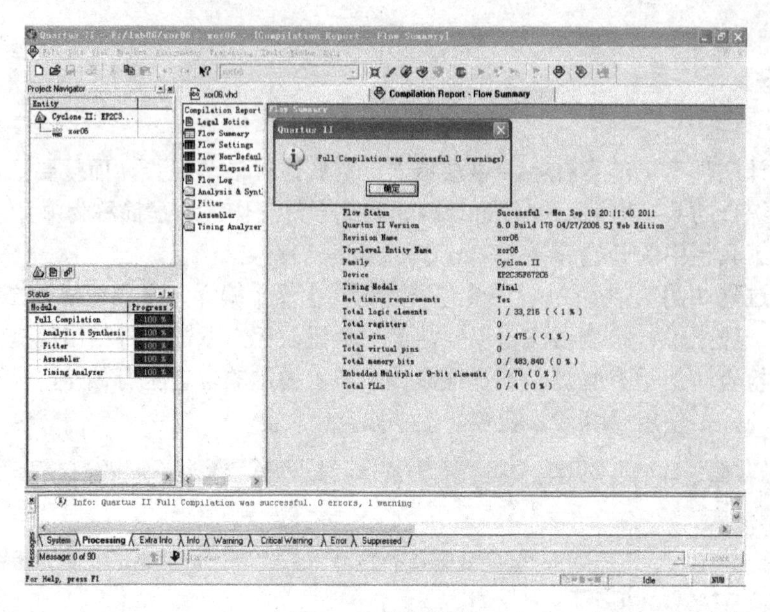

图 7.19　生成报表

7.4　分配引脚

完成硬件描述语言进行数字电路设计后，需要把电路的端口分配到器件的引脚上，才能使用。下面介绍分配引脚的步骤。

（1）选择 Assignments 菜单中的 Pins 项，打开引脚设置界面，如图 7.20 所示。

（2）一种方法是在如图 7.20 所示界面的下边表格中进行设置。

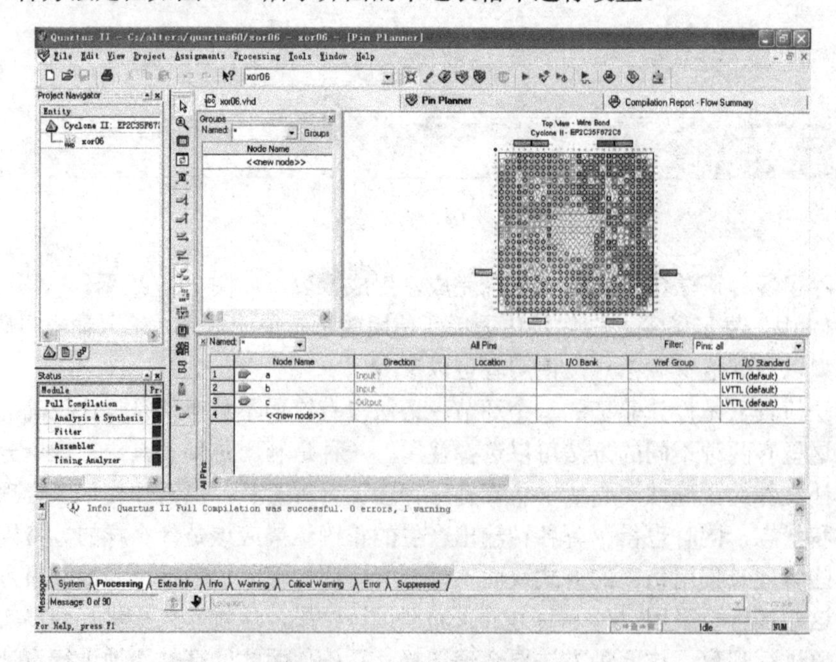

图 7.20　引脚设置界面

（3）双击要配置引脚的 location，根据第 5 章中的引脚号进行分配，如图 7.21 所示。

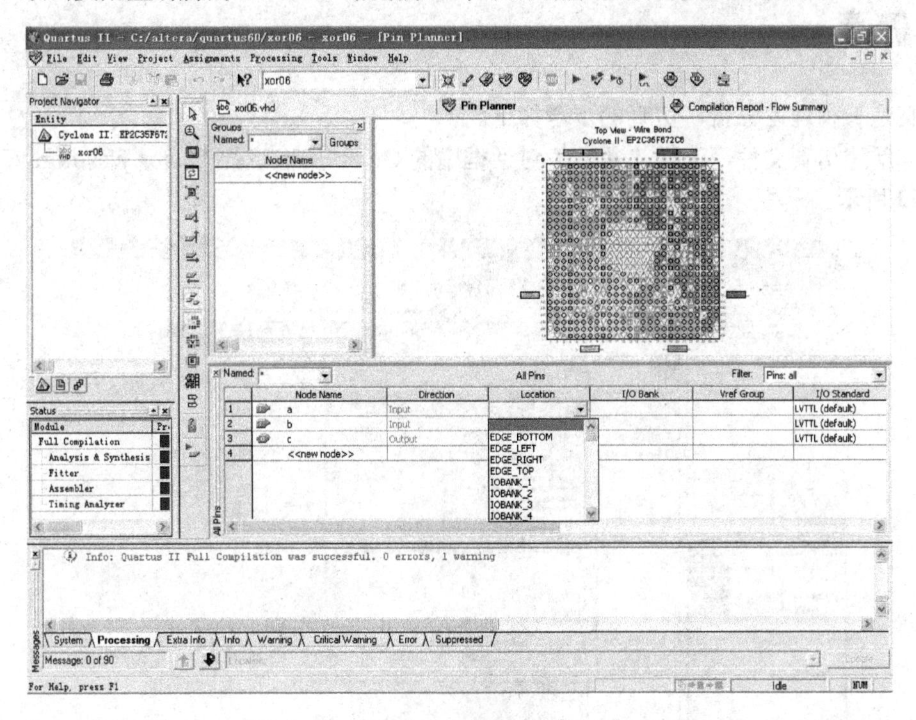

图 7.21 分配引脚

（4）完成引脚设置后（见图 7.22），需要再次编译才能将引脚信息加到下载文件中。

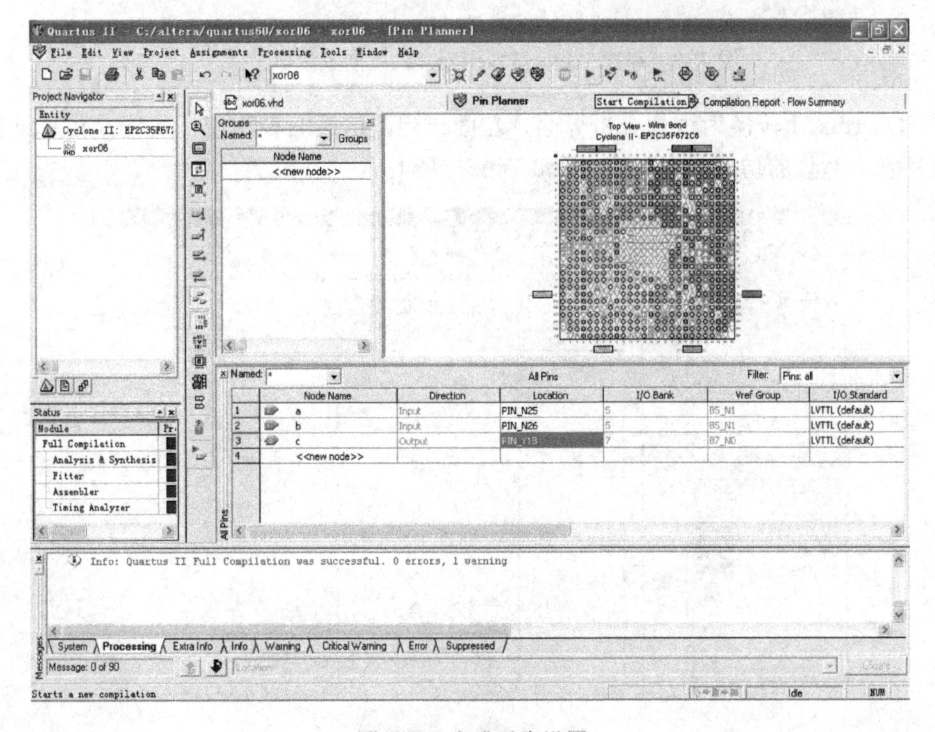

图 7.22 完成引脚设置

7.5 仿真

仿真是一种理论分析，仿真的步骤如下。

（1）新建仿真文件，选择“新建”对话框中的 Other Files 下的 Vector Waveform File 项，如图 7.23 所示。

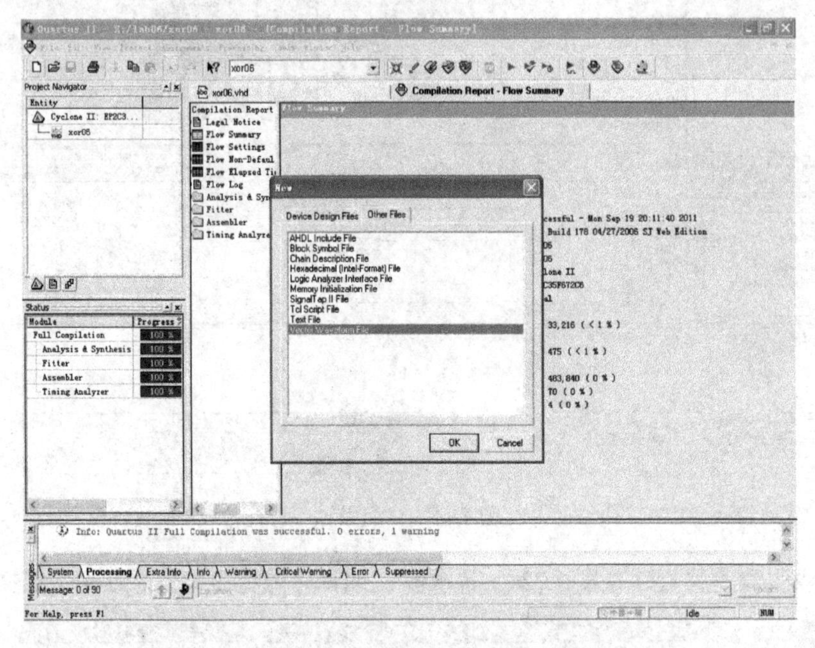

图 7.23 新建 Vector Waveform File（向量波形文件）

（2）Quartus II 转换为仿真分析界面，左面一列是信号名称和值，后面是仿真结果，如图 7.24 所示。默认的仿真截止时间（End Time）是 1μs。

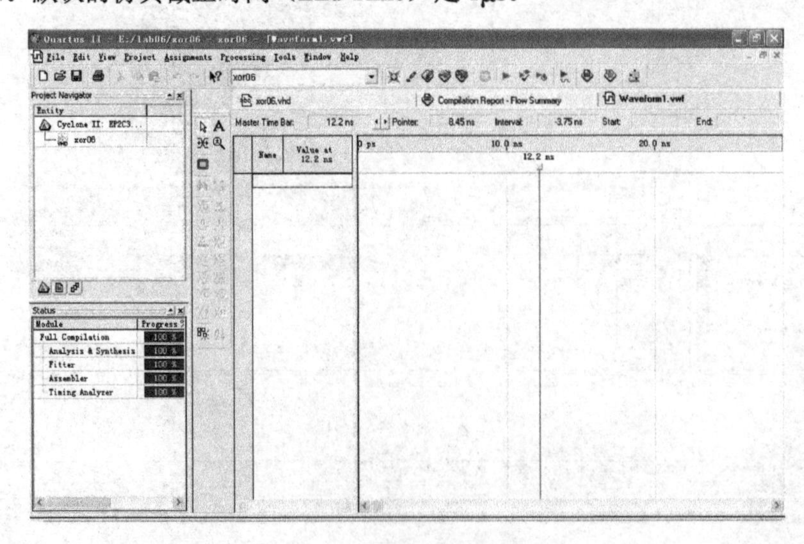

图 7.24 仿真分析界面

（3）可以对仿真的截止时间进行设定，选择 Edit 菜单中的 End Time 项，如图 7.25 所示。

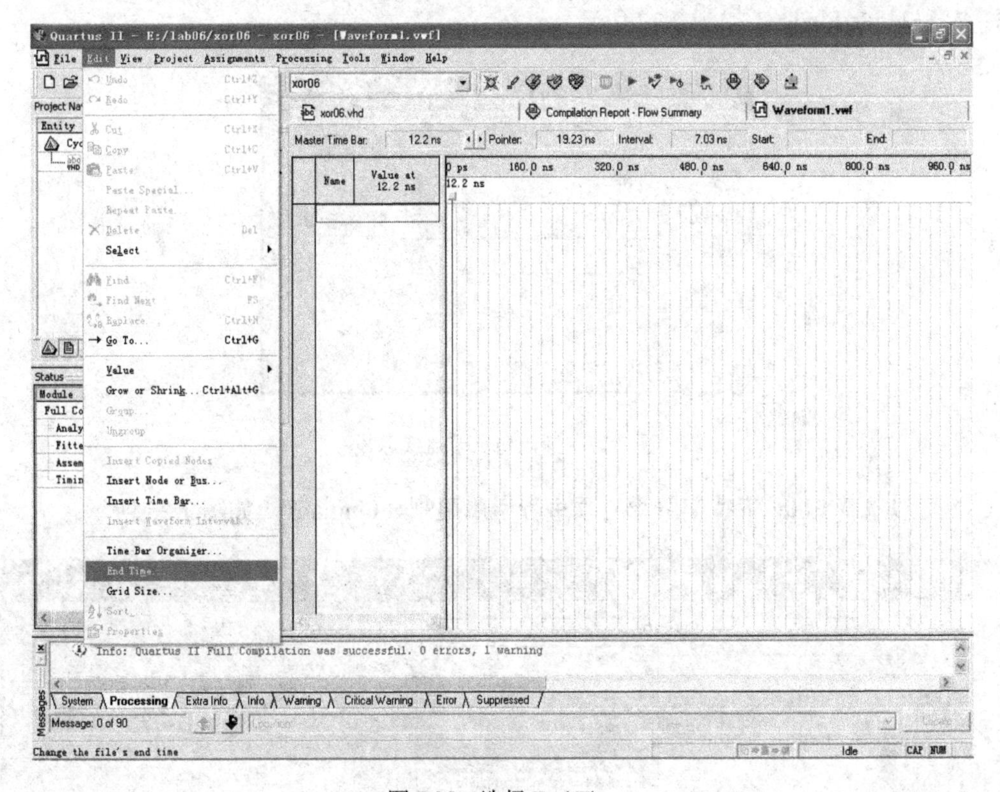

图 7.25 选择 End Time

（4）出现一个设置 End Time 的对话框，如图 7.26 所示，一般仿真时间不要选择得太长。

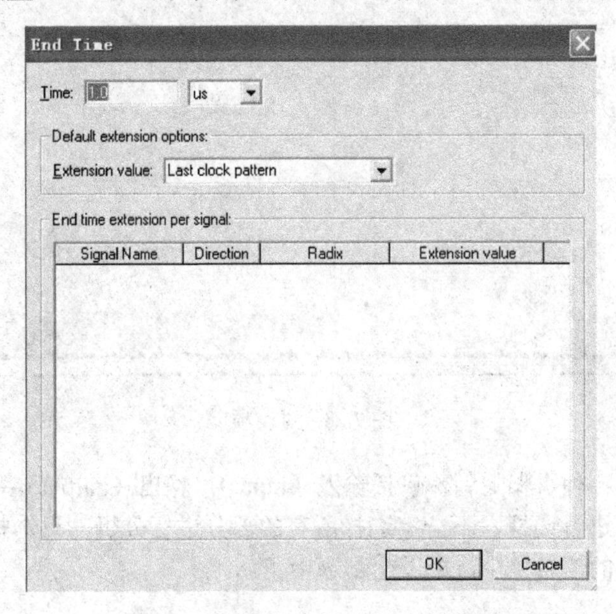

图 7.26 设置 End Time（结束时间）

（5）插入仿真节点或总线，在 Name 下空白处双击鼠标左键，出现 Insert Node or Bus 对话框，单击 Node Finder，如图 7.27 所示。

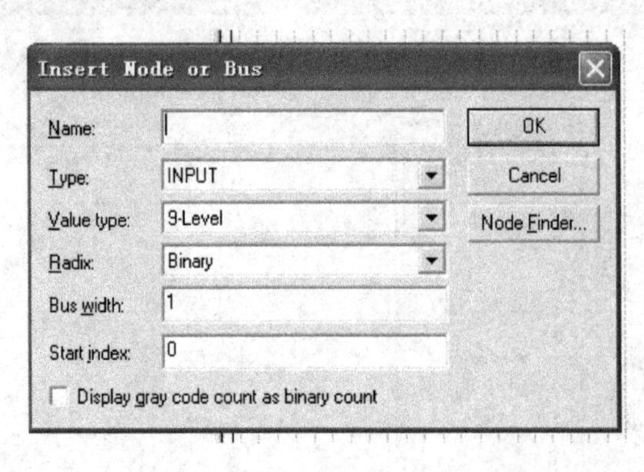

图 7.27　插入仿真节点或总线

（6）可以选择 Filter 下拉菜单相应项进行引脚限制（Ping:all），如图 7.28 所示。

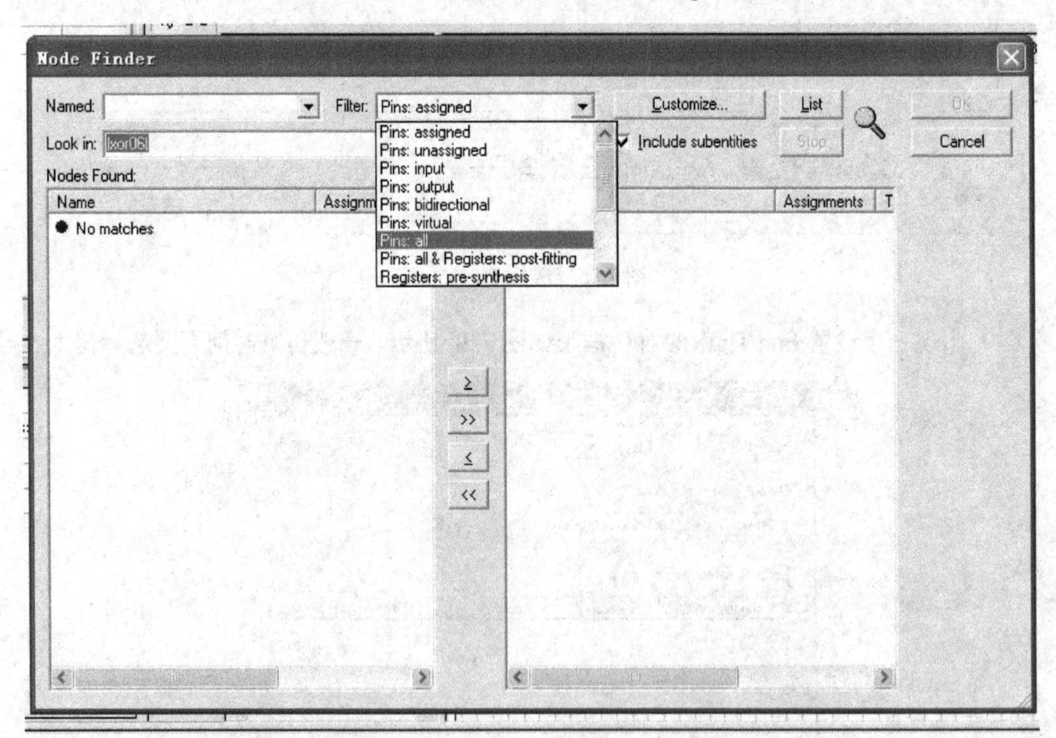

图 7.28　过滤项

对于过滤项中的各种引脚限制，包括输入（input），输出（output），以及所有的 all 等很多项，一般根据需要进行选择，不一定选择所有的部分进行分析，只选择那些感兴趣的部分即可。由于本题目中的信号较少，所以全都选中了。

（7）单击 list，此时在图 7.29 左半边的 Nodes Found（找到的节点）中出现满足要求的引脚。

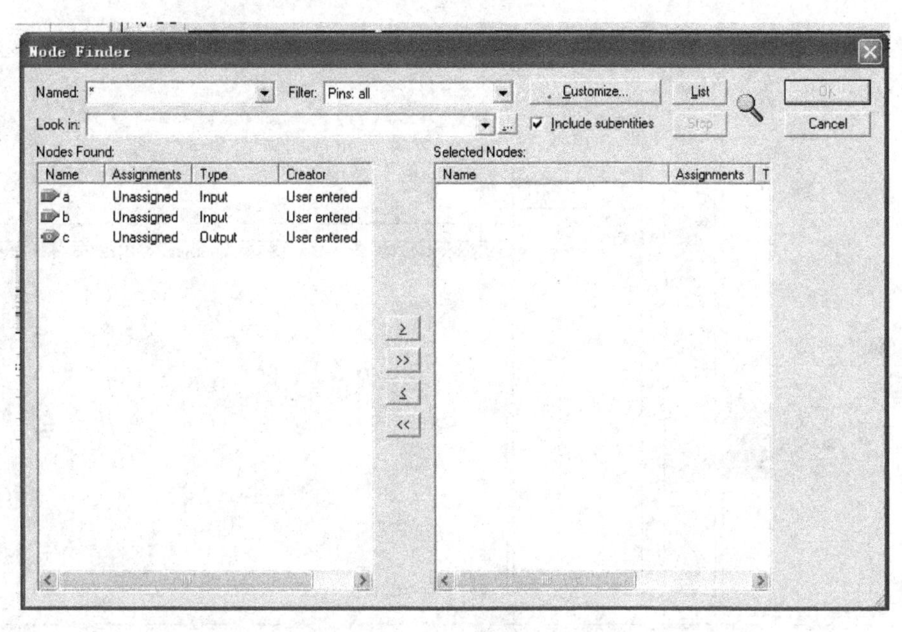

图 7.29　列出各种信号

（8）选择分析信号。

在图 7.29 所示对话框中间有四个选择按钮，分别是“选中”(≥)、“全部选中”(>>)、“退回”(≤) 和“全部退回”(<<)。如果想只选择一部分，可以用鼠标单击待分析的信号，配合 Ctrl 键逐一选择。由于本项目信号不多，单击“全部选中”(>>)，全部选中进行分析。图 7.30 右侧是选择后的节点。

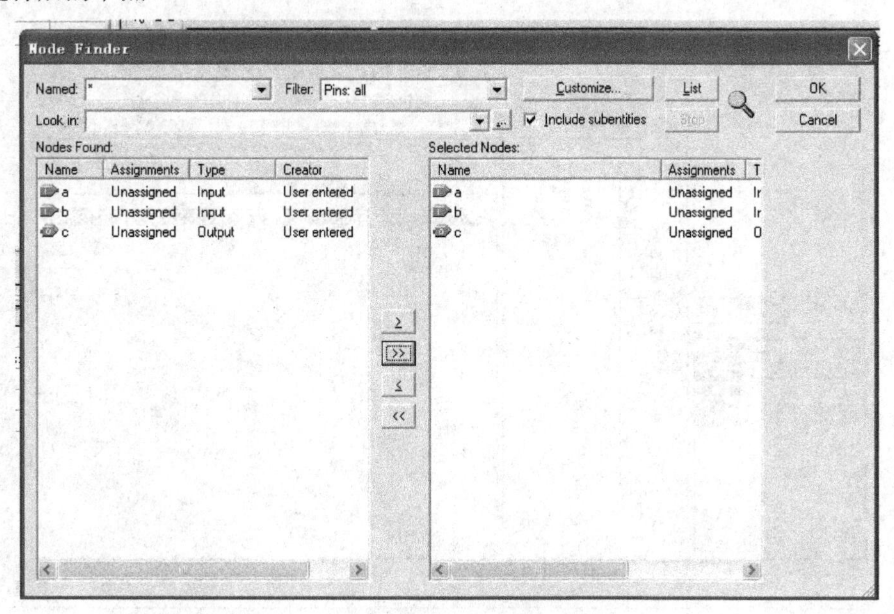

图 7.30　选择分析信号

（9）一般分析界面不会全部展示可视范围，可以按 Ctrl+W，观察到整个时间的可视范围，如图 7.31 所示。

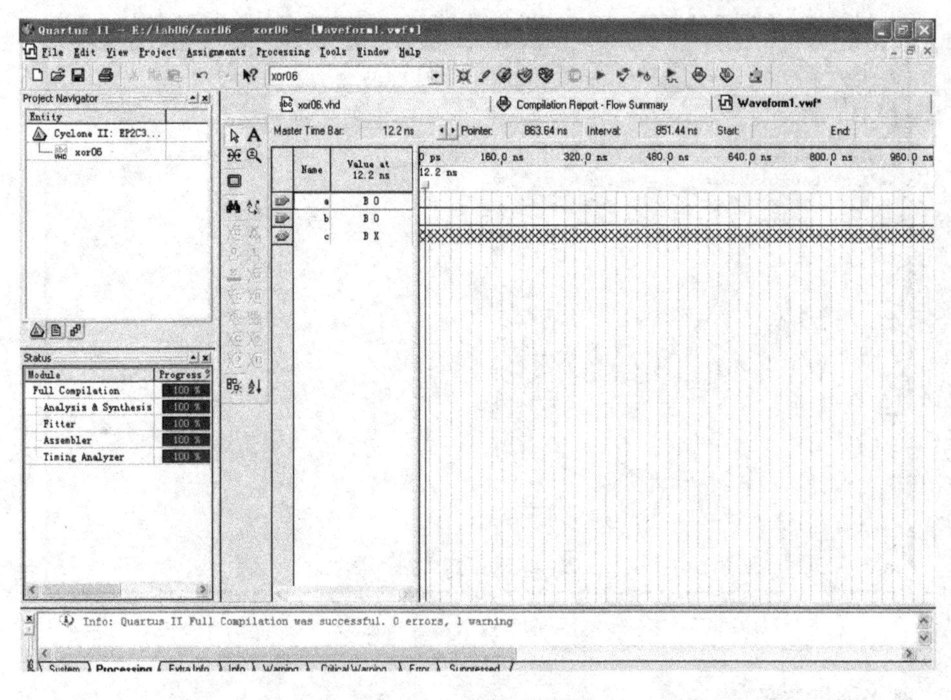

图 7.31　改变可视范围

（10）对输入信号进行设计。

软件仿真需要对输入信号进行设计，首先对第一个信号 a 选择一定区域后，该部分变成蓝色，再单击辅助菜单按钮“1”置高电平，如图 7.32 所示。

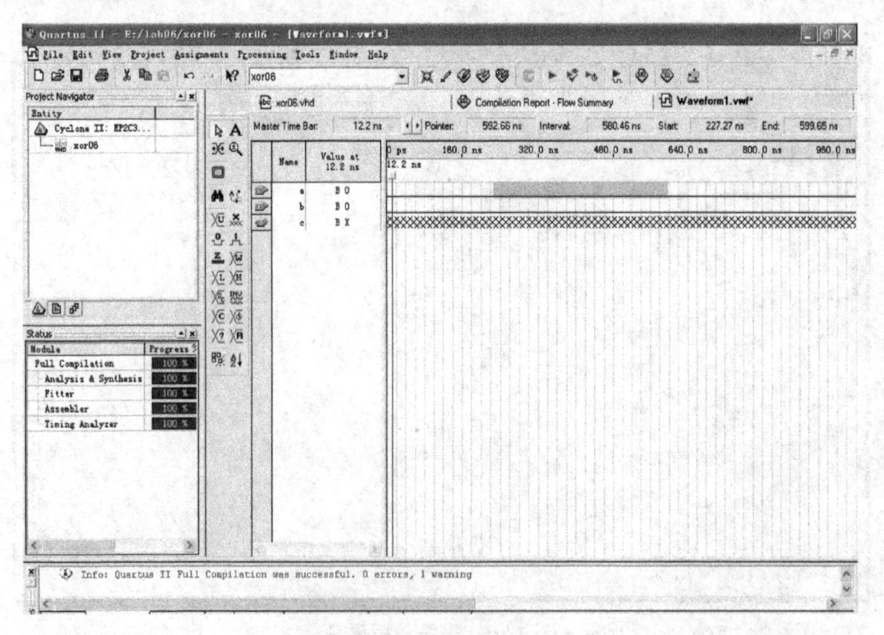

图 7.32　改变输入信号取值

（11）对信号 b 也进行类似的操作，通过辅助菜单的各种选项完成设定，如图 7.33 所示。

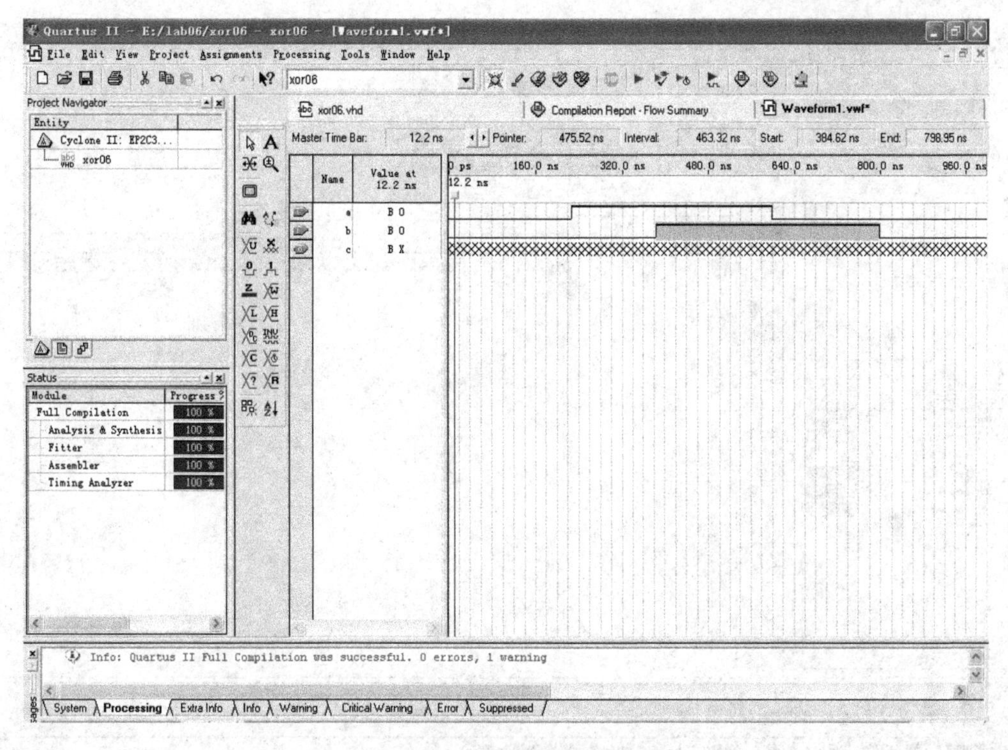

图 7.33 完成设置输入信号

（12）保存仿真文件，如图 7.34 所示。注意仿真文件名称应与设计文件名称一致，这样软件平台才能通过名字来联系两种文件，通过分析设计文件，在仿真文件中给出理论结果。

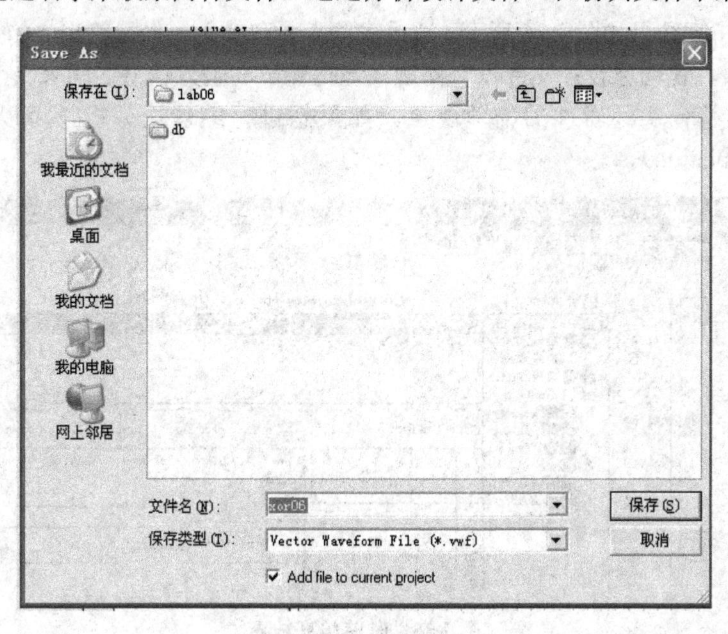

图 7.34 保存仿真文件

（13）通过工具栏的相应选项进行仿真（Start Simulation），如图 7.35 所示。

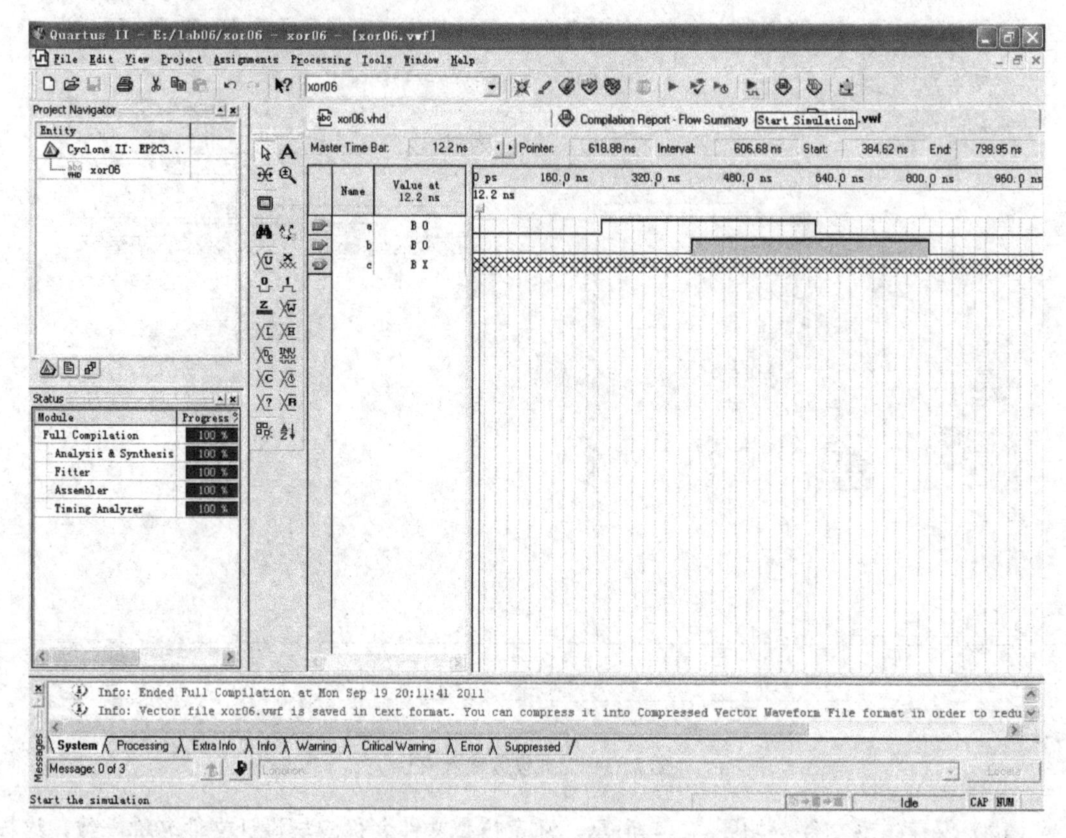

图 7.35 进行仿真

（14）时序仿真结果如图 7.36 所示。通过对输入 a 和输入 b 以及输出 c 的分析，可见满足异或的运算结果，说明原设计文件没有问题。但是输出与输入信号之间有一个时间延迟，大约几 ns，这也符合实际器件的物理现象。如果想进行纯理论分析，可以进行功能仿真（Functional Simulation）。

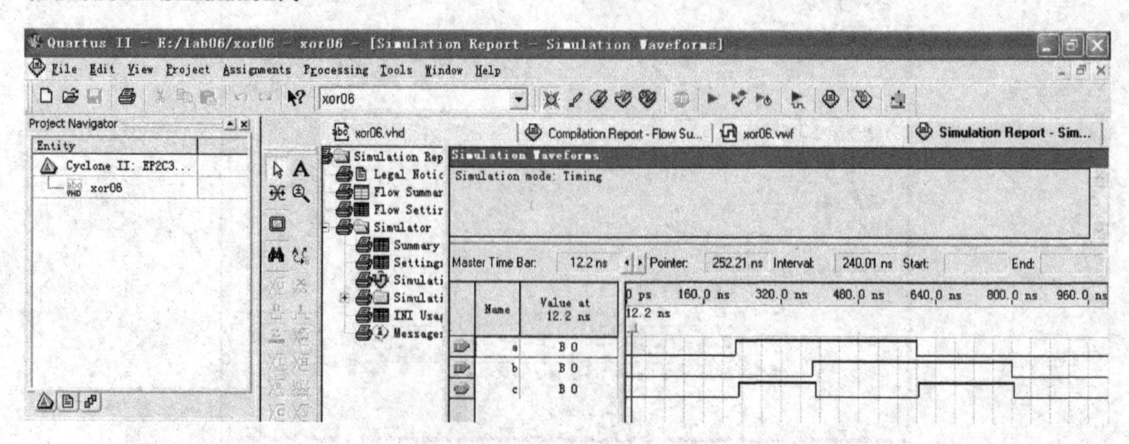

图 7.36 时序仿真结果

（15）如果要进行 Functional 仿真，选择 Assignments 菜单中的 Settings，如图 7.37 所示。

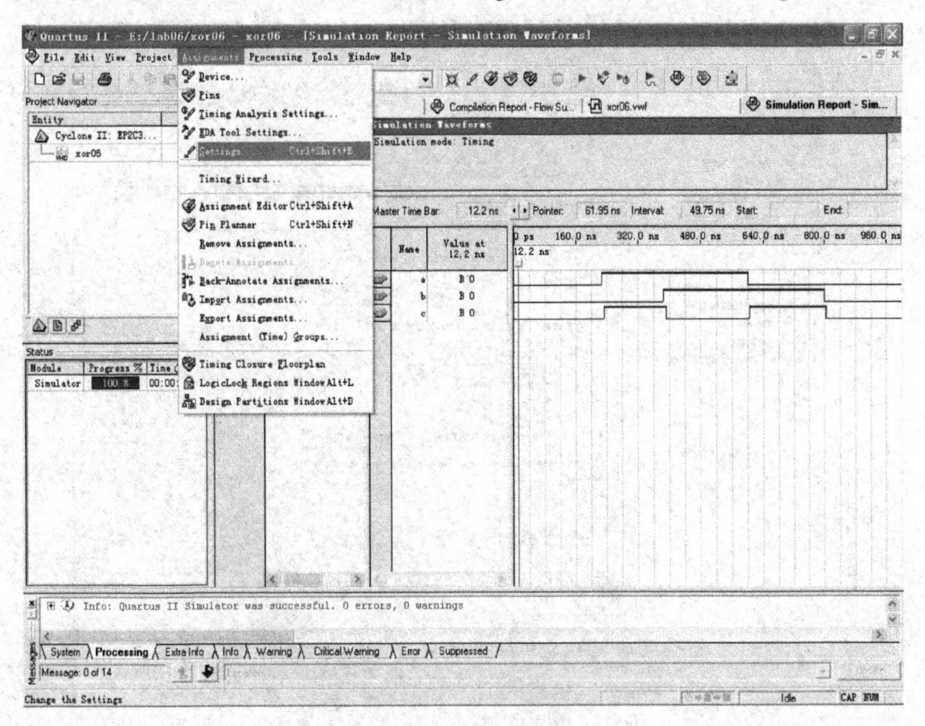

图 7.37 更改仿真设置

（16）在出现的设置界面左侧选择 Simulator Settings，如图 7.38 所示。

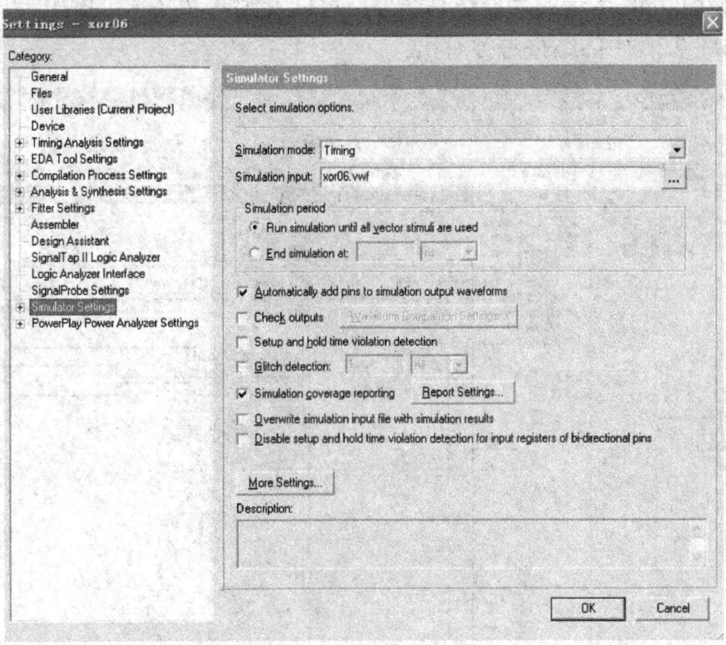

图 7.38 设置仿真模式

（17）选择 Simulation mode 下拉菜单中的 Functional，就改变了仿真模式，如图 7.39 所示。

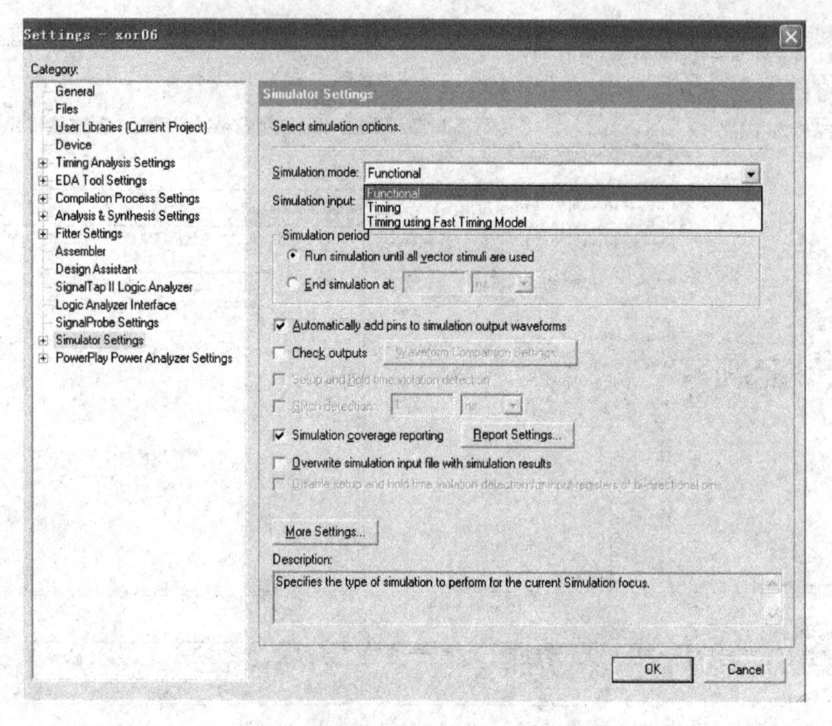

图 7.39　设置功能仿真

（18）选择 Processing 菜单中的 Generation Functional Simulation Netlist，生成网表文件。

（19）得到如图 7.40 所示的功能仿真结果。可以看到图 7.40 中的输出信号与输入信号没有延迟，可以与图 7.36 中的结果进行对比。

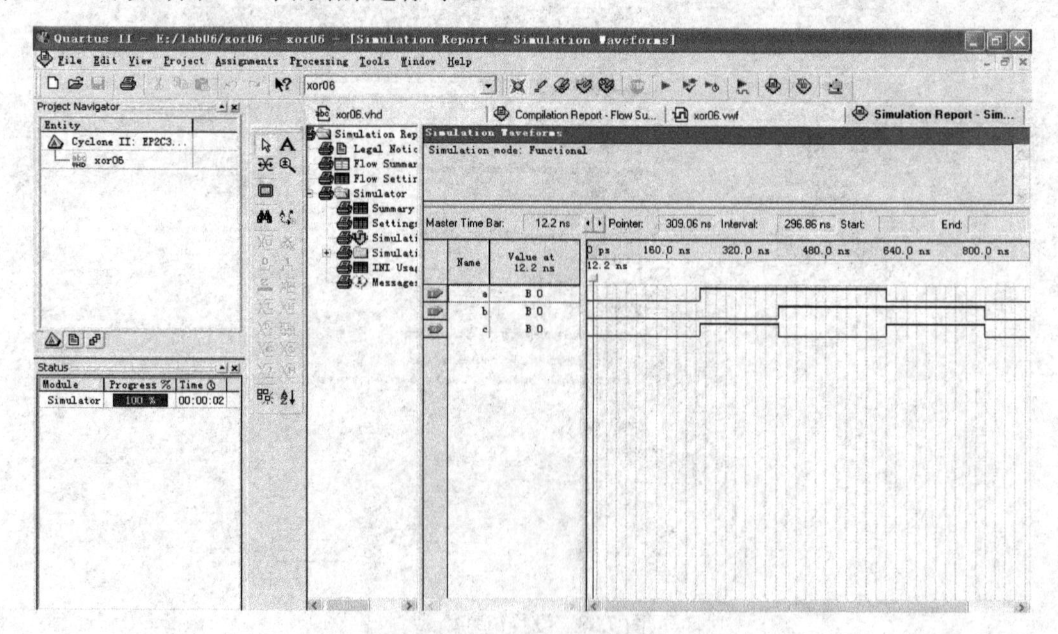

图 7.40　功能仿真结果

7.6　编程下载

编译后生成的下载文件就可以进行编程下载了，也就是进行硬件检测。

（1）选择工具栏中的下载项，如果硬件没有找到，选择 Hardware Setup。对于 DE2 开发板，请选择 USB Blaster 下载方式，如图 7.41 所示。

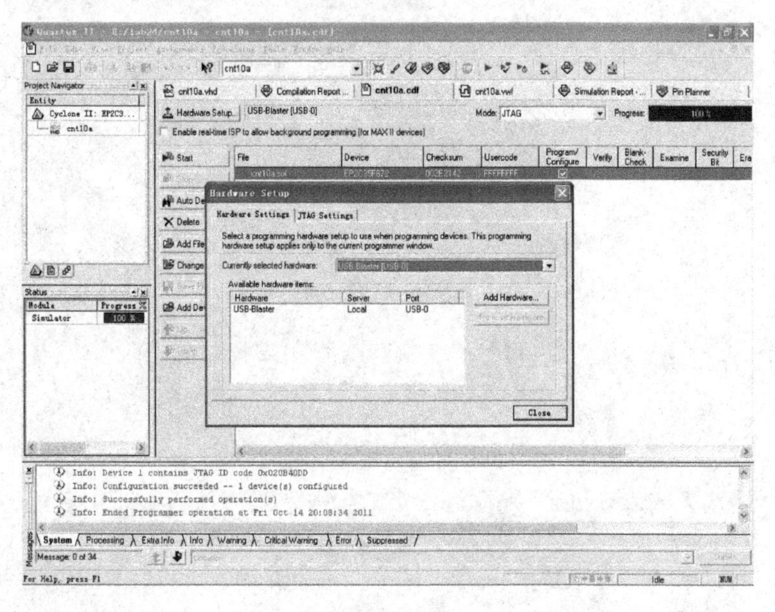

图 7.41　选择 Hardware Setup

（2）在 Program 菜单的 Config 项上单击，选择 Start 进行下载，如图 7.42 所示。下载完成后可以观察结果。

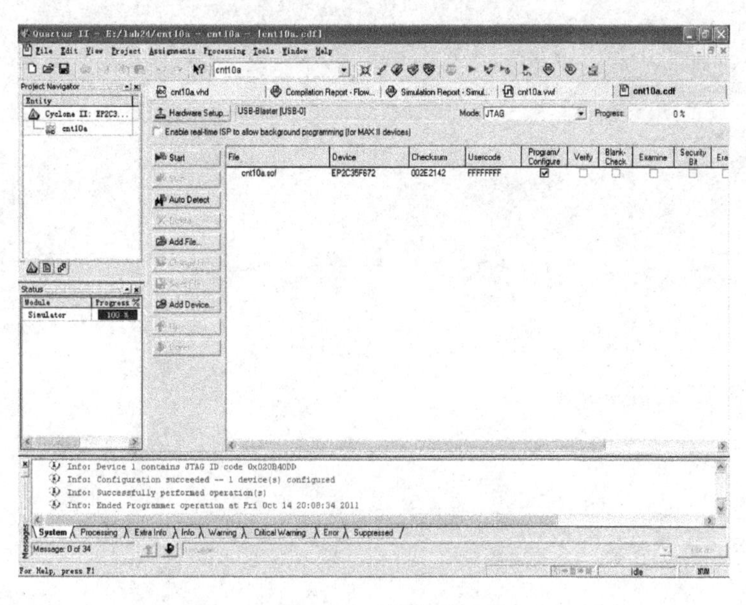

图 7.42　编程下载

至此，一个项目的完整使用步骤就介绍完了，高版本的软件使用步骤类似，请酌情参考。下面简单介绍一下调试技巧。如果一个设计文件下载之后调试不成功，需要使用者进行关键信号的测试，再判断出错的地方在哪里以及对应的原因。一般可以把待测的关键信号分配到相关资源上，比如发光二极管或者单独的输出引脚，用人眼观察或者使用示波器进行测量等方式辅助判断出错原因，单纯地靠直接观察设计文件很难发现错误。

第 8 章　杰创远程实验

8.1　实验背景

对于理工科专业，实验在培养学生实际操作和解决问题能力方面至关重要。传统的硬件实践环节要求学生必须到实验室完成各种硬件实验操作，实验项目验收一般也需要学生与教师面对面交流、评价，实验过程和结果受元器件质量、实验时间、实验场地、操作者经验等诸多因素的制约，使学生在有限时间内难以获得最佳的实践效果，同时实验设备还容易因为频繁的拔插或学生的不当使用出现快速折旧甚至损坏的情况。随着大规模可编程逻辑器件技术及物联网技术、云计算的快速发展，出现了远程实验系统并快速进入市场。远程实验系统将计算机网络技术和实验教学进行融合，使得教学当中的物力和人力资源的分配更加灵活、合理，同时也克服了传统教学中的地域和时间限制，是共享经济在教学、科研方面的重要实践。华为开发者社区、阿里云大学等知名企业均相继推出了远程实验室、开放实验室等相关方案。

北京杰创永恒科技有限公司根据这一发展趋势，以高校科研教学和行业人才培养为目的，结合计算机网络、远程控制、数据采集和远程监控等技术，自主研发了数字逻辑远程云端硬件实验平台，如图 8.1 所示。该系统将学生实验项目通过互联网上传至云端服务器，并经过 FPGA 实时处理、反馈实验结果，从而实现学校实验室的在线化、开放化，为学生实践学习和教师实验课程管理提供了最大的便捷，也为高校实验室改革提供了理想解决方案，可实现数字电路课程系列化的远程实验。

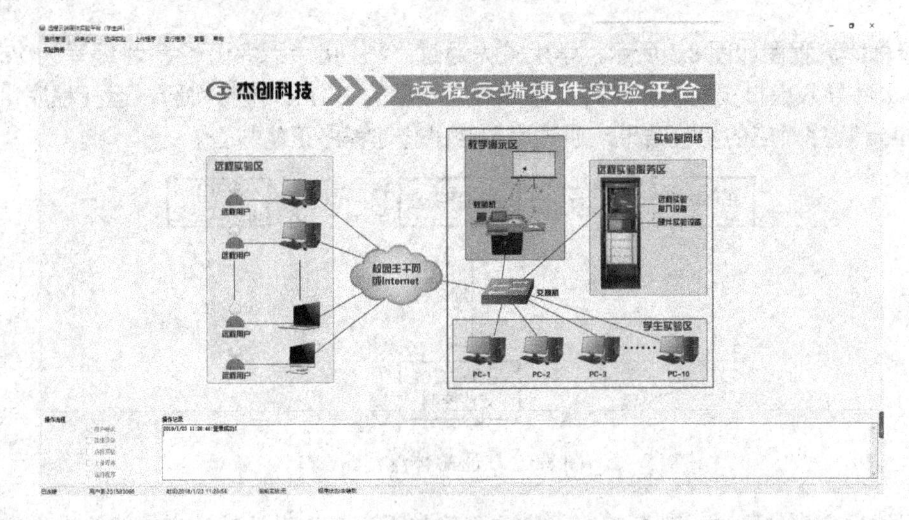

图 8.1　远程云端硬件实验平台

实验平台为学生提供了良好的硬件实验环境，如图 8.2 所示，具有充分的自由度。平台主要包含三个实验板块：固定实验板块，自由搭建实验板块和 HTML5 虚拟实验板块，学生可根据专业方向和个人学习喜好进行选择。

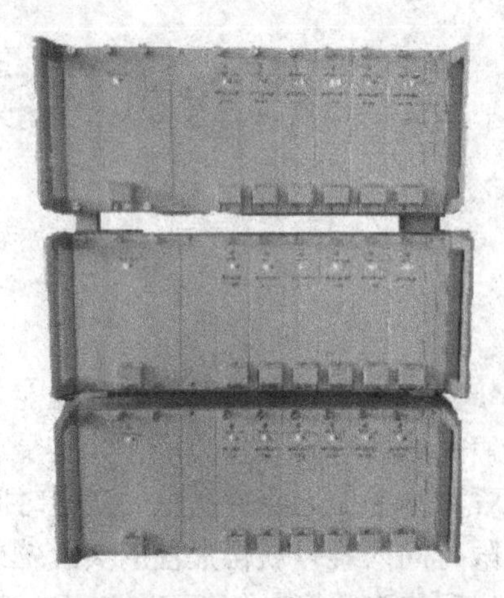

图 8.2　实验平台 FPGA 硬件机柜

平台所使用的 FPGA 终端是北京杰创永恒科技有限公司根据最新实验教学理念设计的一款高性能 SOC 开发板。该开发板采用 Altera 公司 CycloneIV系列 EP4CE10F17C8 型 FPGA 作为主芯片，核心板和功能模块分离设计，通过 STM32 控制器实现远程实验功能。

本章针对远程云端硬件实验平台的 HTML5 虚拟实验板块进行撰写，由“数码管实验”“电梯演示实验”和“交通灯演示实验” 三部分组成。技术层面上，HTML5 主要用于实验结果的验证与演示，将虚拟实验与 HTML5 动画结合实现实验场景高逼真还原，更好地反映学生真实实验结果，从而达到方便教学的目的。

8.2　实验介绍

实验总体流程图如图 8.3 所示，学生首先通过“杰创虚拟实验平台”将编写为 Verilog 程序的.rbf 文件导入虚拟实验软件；其次选择对应类型的 HTML 虚拟实验，运行程序；最后得到与 Verilog 程序对应的实验结果，通过比较结果验证程序正确与否。

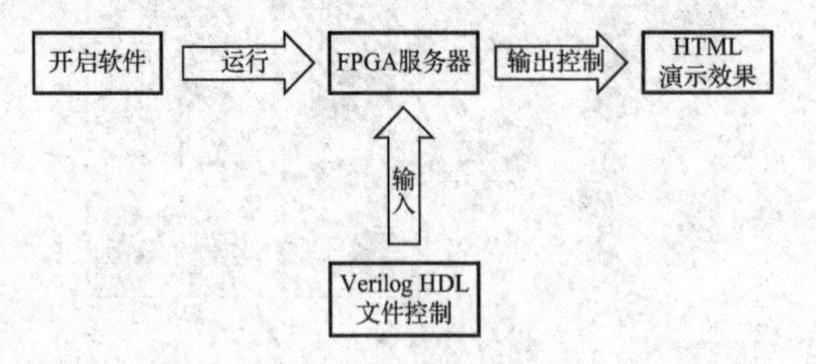

图 8.3　实验总体流程图

根据结果产生的现象，判断编写程序的正确与否，学生设计的数字电路输出会在相应的端口产生一组高低电平值。这组值会通过 USB 传回软件，软件中的.Js 文件读取这组端口的值，通过库函数文件，控制 HTML 文件产生相应的动画效果。因为编写的 Verilog 文件不同，对应产生的端口的值也会不同，产生的动画效果也会不同。与实际的 FPGA 板子端口类似，不同的高低电平与相应的引脚对应，产生不同的现象，同学可以根据图案的变化，对自己的程

序进行调整，进而达到对实验进行虚拟仿真的目的，如图 8.4 所示。

图 8.4　验证流程

实验所用的 FPGA 为 cyclone 系列芯片，器件基于成本优化的全铜 1.5V SRAM 工艺，容量从 2910 至 20060 个逻辑单元，有多达 294912bit 嵌入 RAM。Cyclone FPGA 支持各种单端 I/O 标准，如 LVTTL、LVCMOS、PC 和 SSTL-2/3，通过 LVDS 和 RSDS 标准提供多达 129 个通道的差分 I/O 支持。每个 LVDS 通道高达 640Mbps。Cyclone 器件具有双数据速率（DDR）SDRAM 和 FCRAM 接口的专用电路。Cyclone FPGA 中有两个锁相环（PLL）提供六个输出和层次时钟结构，以及复杂设计的时钟管理电路。

8.3　实验原理

1. 数码管实验

数码管是常用的数字显示输出器件，常用来显示相应的数字输出。学生用 Quartus II 编写 Verilog 文件，控制 FPGA 的端口电平值。由于七段数码管的公共端连接到 GND（共阴极型），当数码管中的那一个段被输入高电平，则相应的这一段被点亮；反之则不亮。八位一体的七段数码管在单个静态数码管的基础上加入了用于选择哪一位数码管的位选信号端口。八位数码管的 a、b、c、d、e、f、g、h、dp 都连在了一起，每位数码管分别由各自的位选信号来控制，当位选信号为低电平时该位数码管被选中。本实验结合了 HTML 动画的显示功能，应用上述数码管工作原理，设计出数码管显示图像。在 HTML 文件中调用 JavaScript 的 call Native 函数，读取从 FPGA 服务器中返回的 a、b、c、d、e、f、g、h、dp 的 8 位端口电平值，通过判断 8 位电平值和 JavaScript 判断语句，调用对应的数码管的显示图片。数码管一共有 256 种显示结果，循环调用 256 种显示结果，即可满足每一种实验结果的实现，如图 8.5 所示。

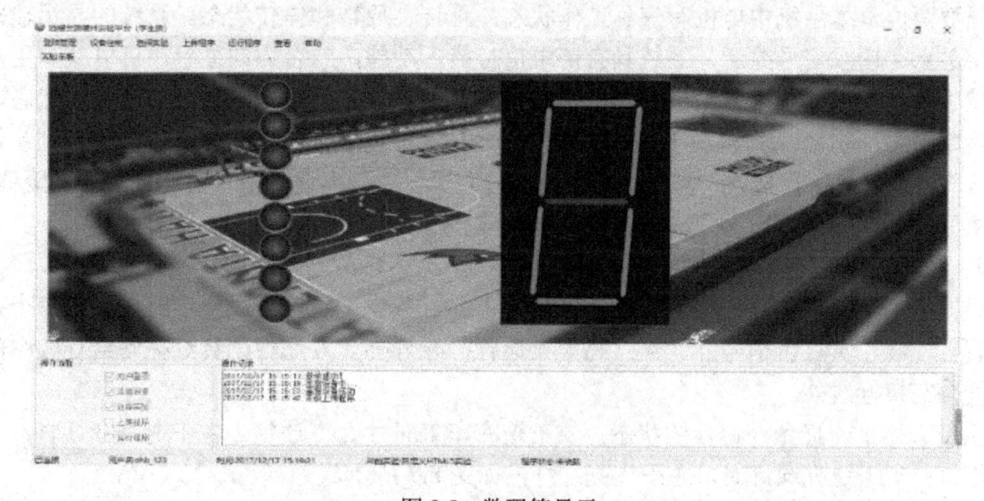

图 8.5　数码管显示

2. 电梯演示实验

6 层电梯控制器的请求输入信号有 18 个（电梯外有 6 个上升请求和 6 个下降请求的用户输入端口，电梯内有 6 个请求用户输入端口），由于系统对内、外请求没有设置优先级，各楼层的内、外请求信号被采集后可先进行运算，再存到存储器内。电梯运行过程中，由于用户请求信号的输入是离散的，而且系统对请求的响应也是离散的，因此请求信号的存储要求新的请求信号不能覆盖原来的请求信号，只有响应动作完成后才能清除存储器内对应的请求信号位，如图 8.6 所示。

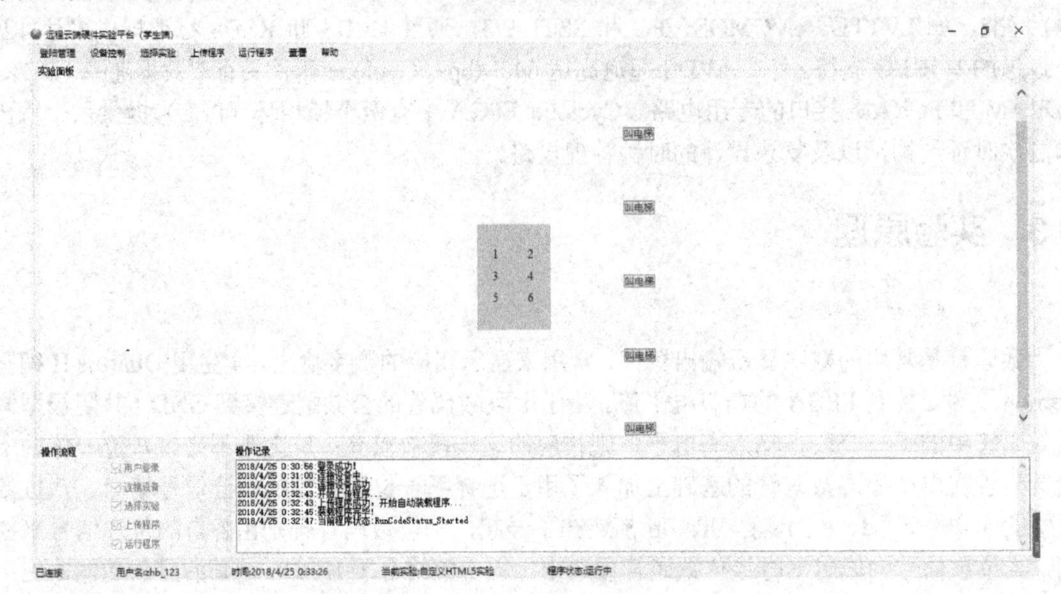

图 8.6　电梯控制

系统的输出信号有两种：一种是电机的升降控制信号（两位）和开门/关门控制信号；另一种是面向用户的提示信号（含楼层显示、方向显示、已接受请求显示等）。电机的控制信号一般需要两位，本系统中电机有三种工作状态：正转、反转和停转状态。系统的显示输出包括楼层显示、请求信号显示，系统具有请求信号显示功能，结合方向显示，可以减少用户对同一请求的输入次数，这样就延长了电梯按键的使用寿命。假如电梯处于向上运动状态，初始位置是底层，初始请求是 6 楼，2 楼时进入一人，如果他的目的地是 6 楼，他看到初始请求是 6 楼，就可以不再按键。同时，电梯外部的人也可以根据请求信号显示（上升下降请求、无请求），就可以避免没有必要的重复请求信号输入。

3. 交通灯演示实验

设计一个交通信号灯控制器，由一条主干道和一条支干道汇合成十字路口，在每个入口处设置红、绿、黄三色信号灯，红灯亮禁止通行，绿灯亮允许通行，黄灯亮则给行驶中的车辆时间停在禁行线外。

主干道处于一直允许通行的状态，支干道有车来时才允许通行。主干道亮绿灯时，支干道亮红灯；支干道亮绿灯时，主干道亮红灯，如图 8.7 所示。

在每次由绿灯亮到红灯亮的转换过程中，要亮 5 秒黄灯作为过渡，使行驶中的车辆有时间停到禁行线外，设立 5 秒计时、显示电路。

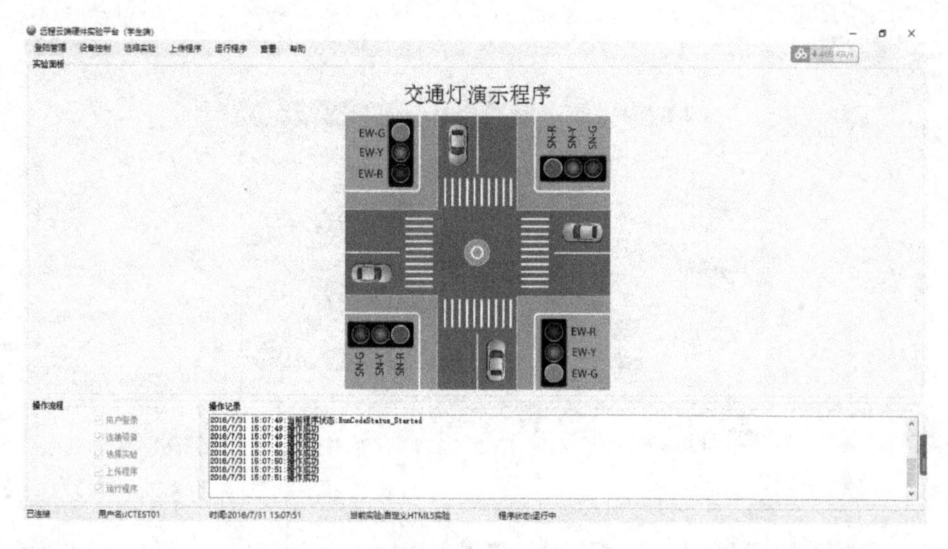

图 8.7 交通灯演示

Verilog 文件需要学生根据实验要求自行设计，但是端口需要与 FPGA 中数码管的端口相对应，以便与虚拟实验接口对应。实验所用程序逻辑与一般的同种实验类似，同学正常编写即可，但需注意分配引脚时的对应关系，数码管实验所需引脚为 8 位，电梯所需引脚为 18 位，交通灯实验所需引脚为 6 位。

8.4 实验流程

下面以交通灯演示实验为例，详细介绍实验步骤。

第一步，登录

双击远程云端硬件实验平台图标，进入登录界面，如图 8.8 所示，输入由注册时得到的账号与密码，单击登录，进入到实验平台主界面。

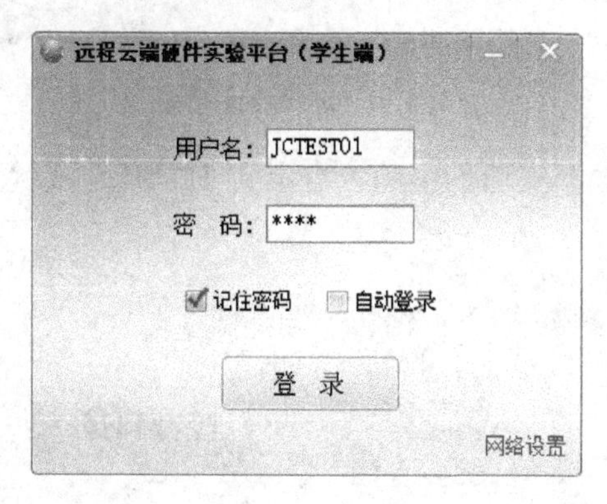

图 8.8 登录界面

界面左下角（见图 8.9）是操作流程提示，打勾的代表已完成，用户需要按照操作流程进行操作。用户登录—>连接设备—>选择实验—>上传程序—>运行程序。

实验平台由菜单栏，实验面板，操作记录，操作流程四个部分组成，

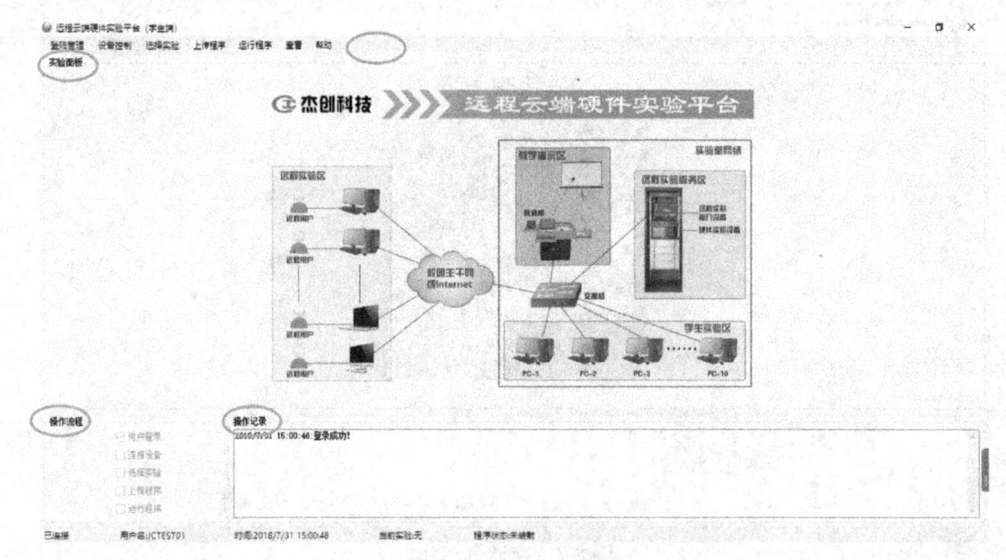

图 8.9　杰创远程云端硬件实验平台界面

第二步，连接设备，导入实验

在菜单栏中，学生选择“设备控制”中的“连接设备”，如图 8.10 所示。若连接不成功，请及时与老师反映，或者退出程序检查网络，重新登录。

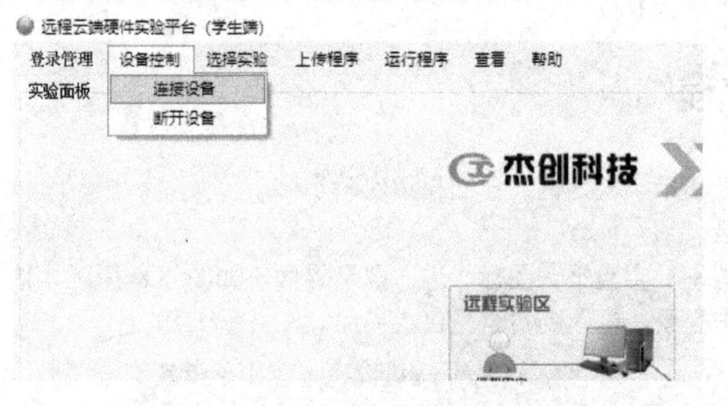

图 8.10　选择连接设备

在菜单栏中，选择“选择实验”中的“自定义 HTML5 实验”“本地载入”，如图 8.11 所示。

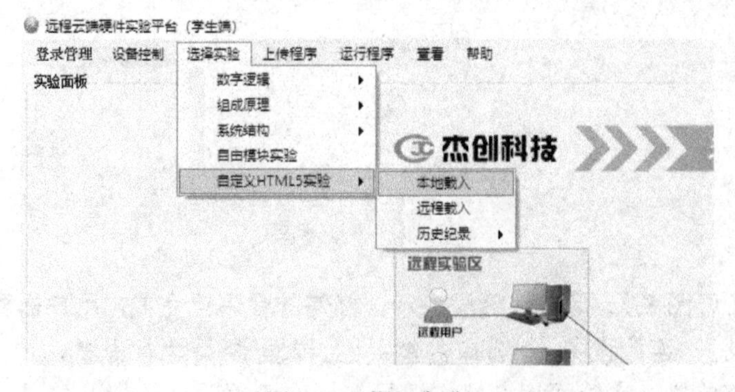

图 8.11　载入实验

本例子是交通灯实验，所以选择 trafficDemo.html（数码管实验选择 xin.html；电梯实验选择电梯.html），如图 8.12 所示。

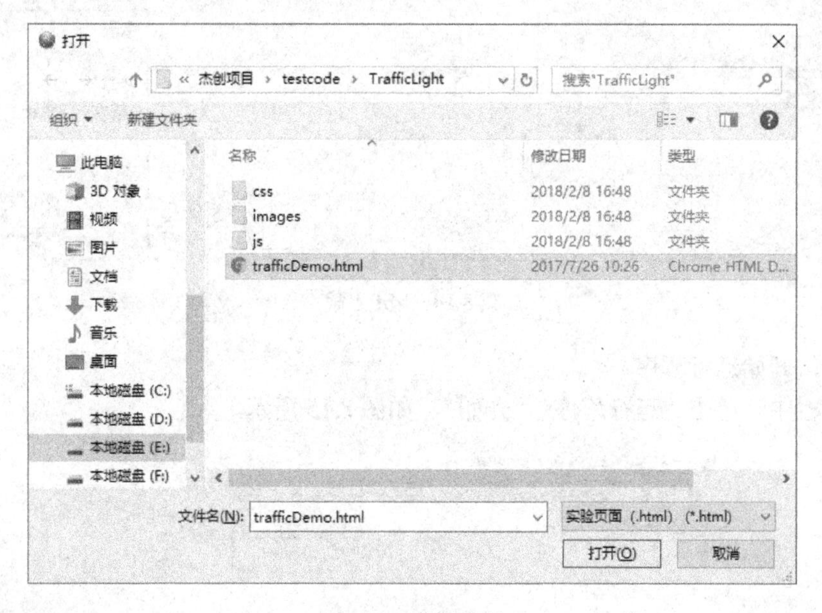

图 8.12　选择文件

第三步，选择 Verilog 程序的.rbf 文件上载

上传.rbf 编译文件，如图 8.13 所示，选择学生自己编译生成的.rbf 文件。.rbf 文件生成办法：选择 Assignments->Settings->Device & Pin Options->programming Files，勾选 Raw Binary File，单击“确认”，然后重新编译，即可生成.rbf 文件，在 Quartus 工程文件夹的 output files 文件夹中可以找到.rbf 文件。

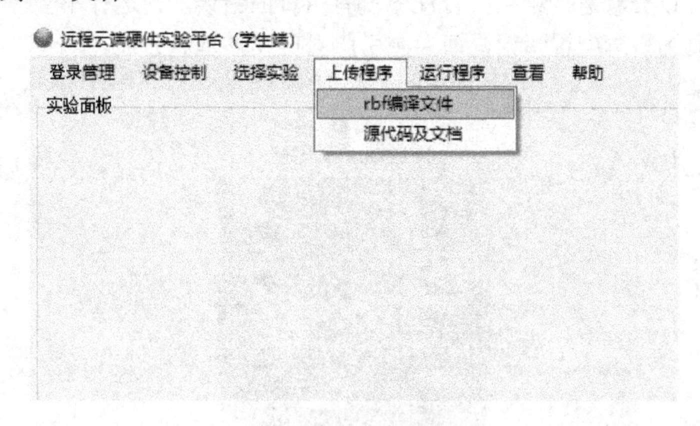

图 8.13　上传程序

.rbf 文件可以不更改位置，此处为了文件资源的整合将.rbf 文件与 html 文件放到一处，学生可以自行选择，建议不更改位置，以防和示例程序冲突。

如果上传.rbf 文件时报错，说明网络连接有问题，请退出程序重新来一遍，或者更换网络重新实验。最后结果如图 8.14 所示。

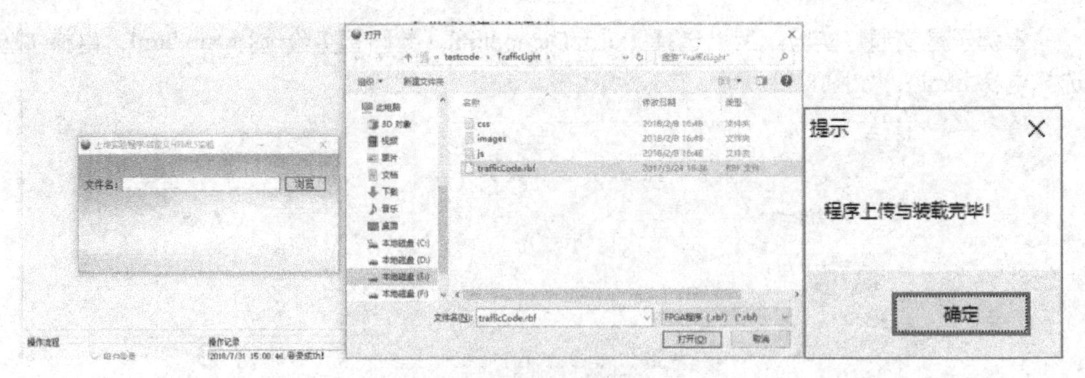

图 8.14 .rbf 上载

第四步，开始运行程序

在菜单栏中，单击“运行程序”“开始”，如图 8.15 所示。

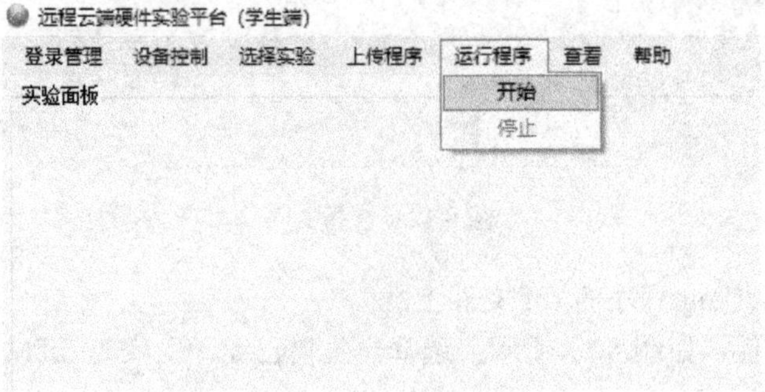

图 8.15 开始运行程序

操作记录中可以查看运行结果，若程序没有引脚的错误，则运行不会出错，如图 8.16 所示；若有错误，则为引脚配置错误，请参照引脚对应文件重新分配。

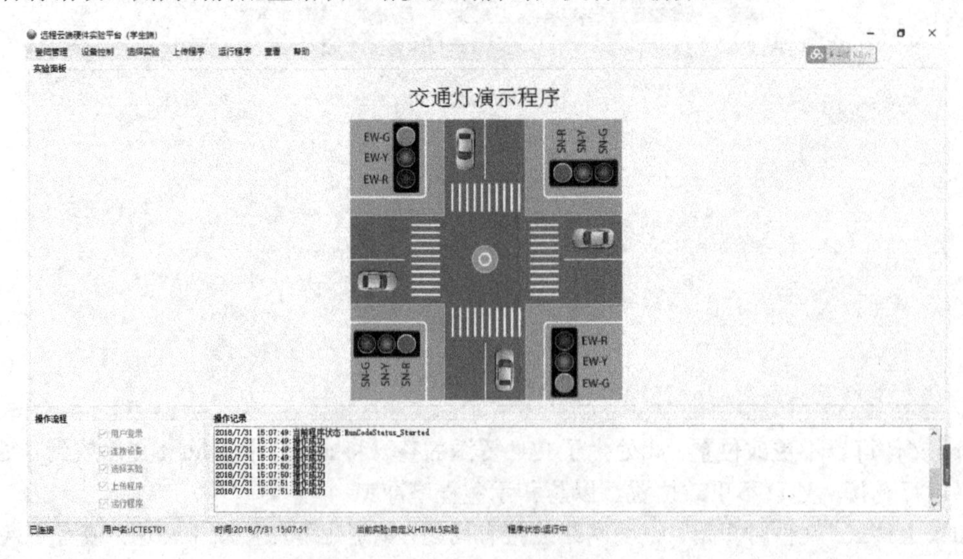

图 8.16 实验结果

当实验显示出现问题时（通常情况下为没有反应），则为程序编写问题，请学生对照示例程序更改自己的程序。为了编写能力的提高，不可直接复制粘贴。

实验具体流程如下：同学编写 Verilog 文件，生成.rbf 文件，通过 USB 传输到 FPGA 服务器中，如图 8.17 所示，通过 FPGA 服务器，得出对应的数据，传回电脑中；再通过.js 文件库函数，将数据转换为端口数据，通过计算端口数据，控制 HTML 文件，产生动画。

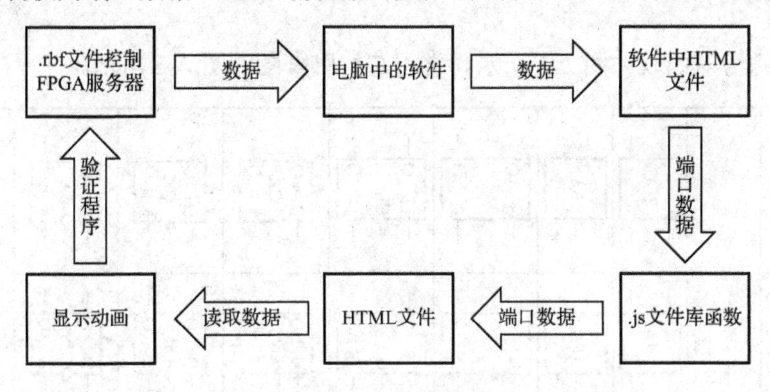

图 8.17 实验具体流程

附录A　常用逻辑符号对照表以及常用芯片引脚图

常用逻辑符号对照表如图 A.1 所示，常用芯片引脚图如图 A.2 所示。

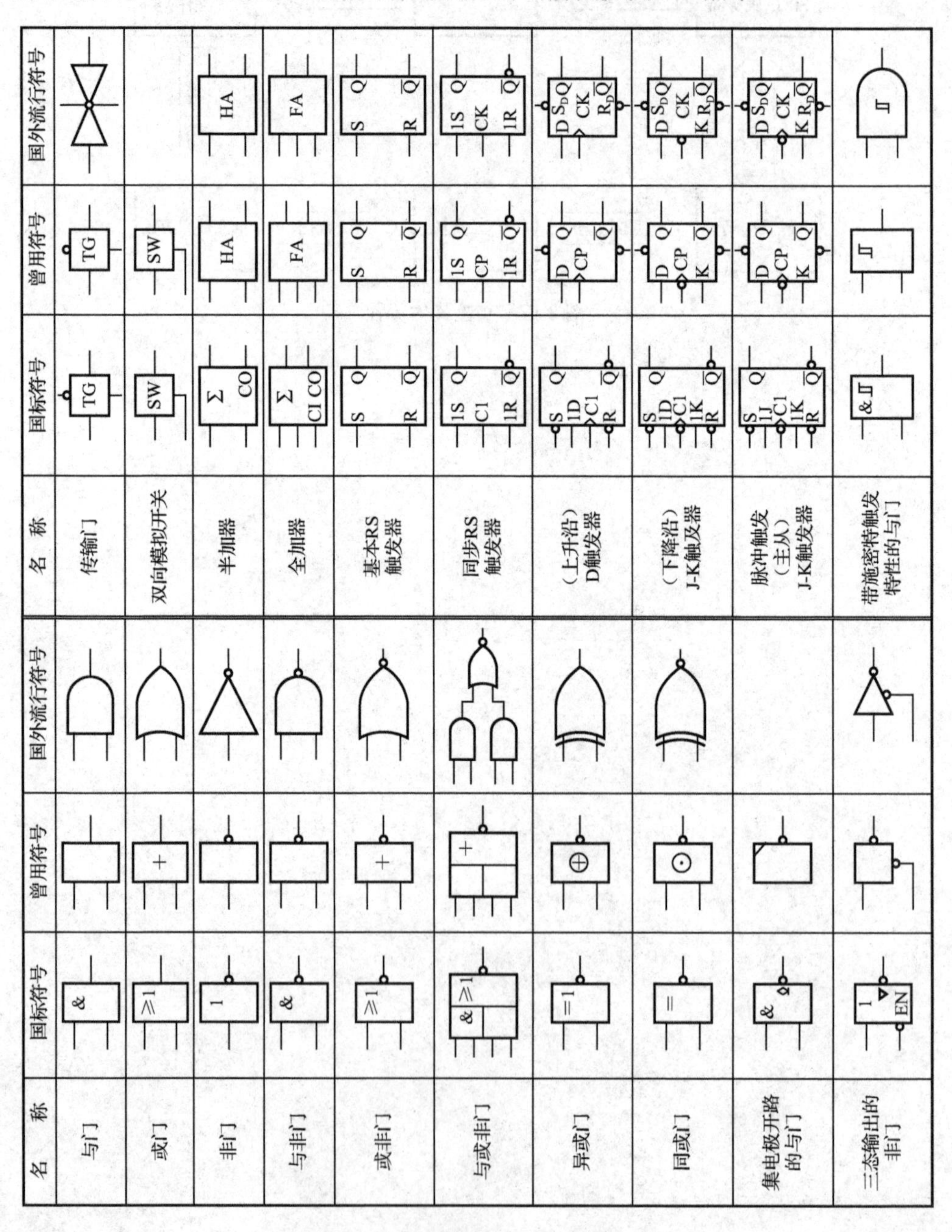

图 A.1　常用逻辑符号对照表

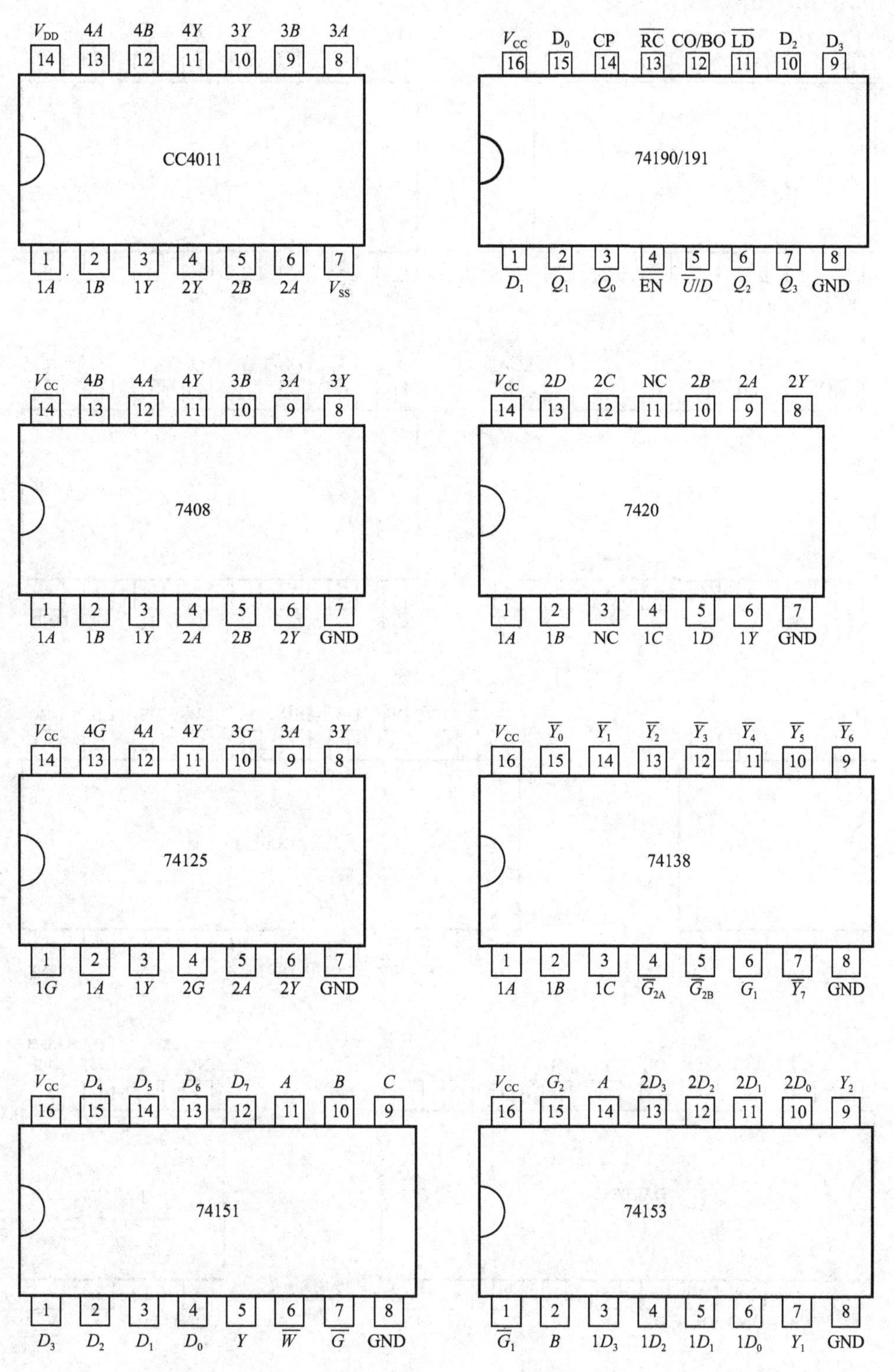

CC4011
V_{DD} 4A 4B 4Y 3Y 3B 3A
14 13 12 11 10 9 8
1 2 3 4 5 6 7
1A 1B 1Y 2Y 2B 2A V_{SS}
74190/191
V_{CC} D_0 CP $\overline{RC}$ CO/BO $\overline{LD}$ D_2 D_3
16 15 14 13 12 11 10 9
1 2 3 4 5 6 7 8
D_1 Q_1 Q_0 $\overline{EN}$ $\overline{U}/D$ Q_2 Q_3 GND
7408
V_{CC} 4B 4A 4Y 3B 3A 3Y
14 13 12 11 10 9 8
1 2 3 4 5 6 7
1A 1B 1Y 2A 2B 2Y GND
7420
V_{CC} 2D 2C NC 2B 2A 2Y
14 13 12 11 10 9 8
1 2 3 4 5 6 7
1A 1B NC 1C 1D 1Y GND
74125
V_{CC} 4G 4A 4Y 3G 3A 3Y
14 13 12 11 10 9 8
1 2 3 4 5 6 7
1G 1A 1Y 2G 2A 2Y GND
74138
V_{CC} $\overline{Y_0}$ $\overline{Y_1}$ $\overline{Y_2}$ $\overline{Y_3}$ $\overline{Y_4}$ $\overline{Y_5}$ $\overline{Y_6}$
16 15 14 13 12 11 10 9
1 2 3 4 5 6 7 8
1A 1B 1C $\overline{G}_{2A}$ $\overline{G}_{2B}$ G_1 $\overline{Y_7}$ GND
74151
V_{CC} D_4 D_5 D_6 D_7 A B C
16 15 14 13 12 11 10 9
1 2 3 4 5 6 7 8
D_3 D_2 D_1 D_0 Y $\overline{W}$ $\overline{G}$ GND
74153
V_{CC} G_2 A $2D_3$ $2D_2$ $2D_1$ $2D_0$ Y_2
16 15 14 13 12 11 10 9
1 2 3 4 5 6 7 8
$\overline{G}_1$ B $1D_3$ $1D_2$ $1D_1$ $1D_0$ Y_1 GND

图 A.2　常用芯片引脚图

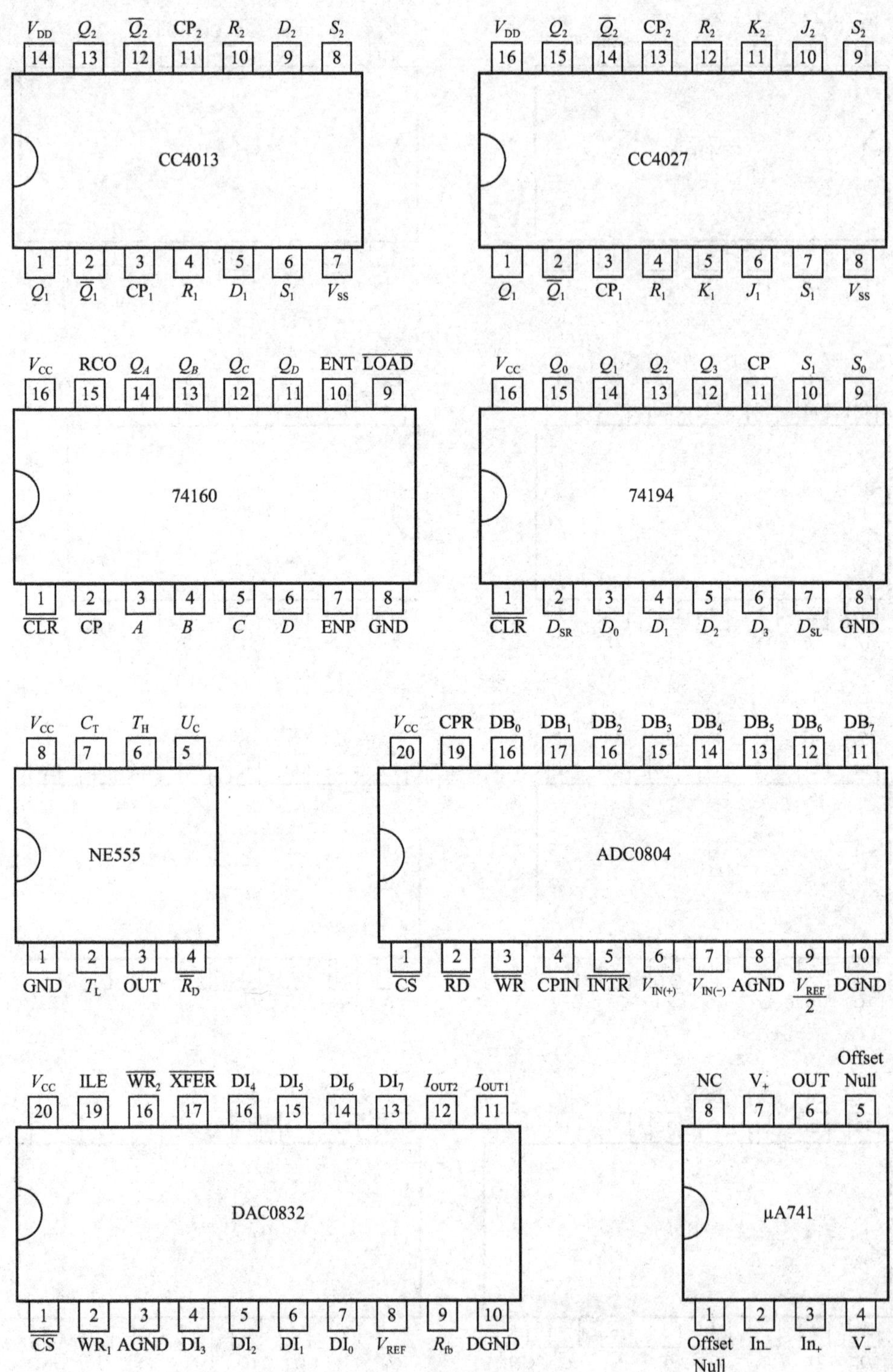

图 A.2　常用芯片引脚图（续）

附录B 数字电路实验箱使用介绍

数字电路实验的所有电路都是在图 B.1 所示的数字电路实验箱上完成的，下面介绍实验箱各部分功能及使用时需要注意的问题。

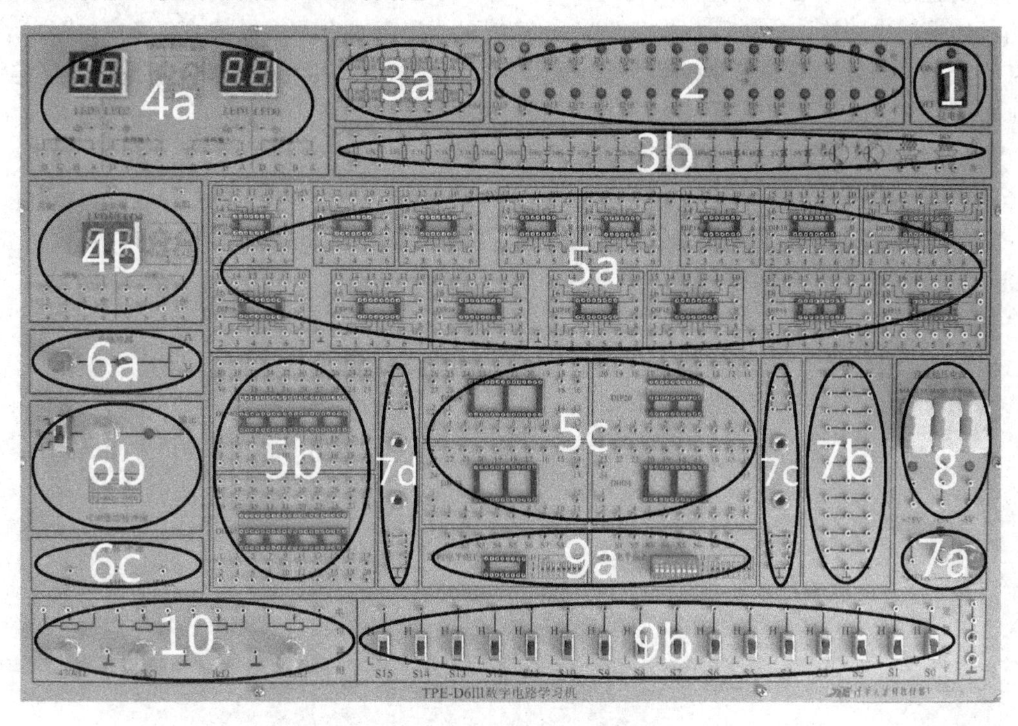

图 B.1 数字电路实验箱图示

1. 实验箱总电源开关

使用实验箱时，需要首先将总电源开关打到“ON”状态，这时开关上方的指示灯亮表示实验箱供电正常。若指示灯不亮，则表示供电不正常，可以检查一下实验箱电源线是否松动。实验结束时，需将总电源开关打到“OFF”状态。

2. 电平显示输出

电平显示输出共两组，各自有 16 个发光二极管 D0～D15。每个发光二极管的功能相同，通常作为电路中输出显示，若发光二极管亮，表示输出高电平，若不亮，则表示输出低电平。

3a～3b. 元件库

实验箱内置元器件区域，其中 3a 中为两个排阻，3b 中分别为电阻、电容、二极管、稳压管、三极管、扬声器。

4a～4b. 数码管输出显示

4a 中四个数码管的输入为 BCD 码形式，4b 中两个数码管的输入为 7 段码形式。

5a～5c. 实验芯片

在整个实验过程中，不允许把底座上的实验芯片拔出或换位置，如芯片有问题，请向老师反映。

6a～6c. 脉冲信号源

可以提供电路中使用的脉冲信号，其中 6a 提供的是手动单脉冲，6b 提供可调连续脉冲，6c 提供固定连续脉冲。

7a～7d. +5V 直流电源与 GND

本实验绝大部分芯片所使用的直流正、负电源为+5V 和 GND。其中 7a 中含有短路报警电路，如果在电路连线的过程中发生+5V 短路情况，扬声器将发出报警的声音，电路自动将+5V 直流电源断开。将电路中短路情况排除以后，可以按下“报警恢复”重新连通+5V 电源。

8. +15V、-15V、-5V 直流电源

提供+15V、-15V、-5V 的直流电源。

9a～9b. 逻辑电平开关

逻辑电平开关通常在电路中作为输入，向上拨为高电平，向下拨为低电平。可以优先使用 9b 中的 S0～S15，使用时相对方便一些。

10. 电位器

提供四个电位器，阻值分别为 470kΩ、22kΩ、1kΩ和 680Ω。

参考文献

[1] 王兢，戚金清. 数字电路与系统（第二版）. 北京：电子工业出版社，2011.

[2] 康华光. 电子技术基础 数字部分（第五版）. 北京：高等教育出版社，2006.

[3] 罗杰，谢自美. 电子线路设计 实验 测试（第 4 版）. 北京：电子工业出版社，2008.

[4] 侯建军. 数字电子技术基础（第二版）. 北京：高等教育出版社，2007.

[5] 阎石. 数字电子技术基础（第五版）. 北京：高等教育出版社，2006.

[6] 王小海，蔡忠法. 电子技术基础实验教程. 北京：高等教育出版社，2005.

[7] 臧春华. 电子线路设计与应用. 北京：高等教育出版社，2004.

[8] 张国云. 电子技术基础实验教程. 长沙：中南大学出版社，2006.

[9] 中国集成电路大全编委会. 中国集成电路大全—TTL 集成电路. 北京：国防工业出版社，1985.

[10] 中国集成电路大全编委会. 中国集成电路大全—CMOS 集成电路. 北京：国防工业出版社，1985.